数学物理方程

赵诗华　翟　羽　主编

山东大学出版社

SHANDONG UNIVERSITY PRESS

·济南·

内容简介

本书共分为六章,分别介绍了施图姆-刘维尔理论、三类方程的导出与分离变量法、贝塞尔函数、勒让德函数、格林函数和变分法,层次分明,深入浅出,便于教学.本书既可作为物理学、数学与应用数学、信息与计算科学、地球物理、力学、土木工程、电气工程和大气科学等理工科专业本科生或研究生的教学用书,也可作为从事本门课程教学的教师和有关科研工作者的参考读物.

图书在版编目(CIP)数据

数学物理方程/赵诗华,翟羽主编.—济南:山东大学出版社,2021.7(2023.7 重印)
　ISBN 978-7-5607-6858-8

　Ⅰ.①数… Ⅱ.①赵… ②翟… Ⅲ.①数学物理方程
Ⅳ.①O175.24

中国版本图书馆 CIP 数据核字(2021)第 164067 号

策划编辑　宋亚卿
责任编辑　宋亚卿
封面设计　牛　钧

出版发行	山东大学出版社
社　　址	山东省济南市山大南路 20 号
邮政编码	250100
发行热线	(0531)88363008
经　　销	新华书店
印　　刷	山东新华印务有限公司
规　　格	720 毫米×1000 毫米　1/16
	11.25 印张　208 千字
版　　次	2021 年 7 月第 1 版
印　　次	2023 年 7 月第 2 次印刷
定　　价	39.00 元

前　言

　　数学物理方程在自然科学与工程技术领域有着广泛的应用,与其他数学分支关系密切,是数学学科的一个重要分支.在物理学、力学、大气科学、电子信息等很多科学与技术问题的研究中,经常会提出描述某些物理规律的偏微分方程,习惯上将这些方程统称为数学物理方程.通过对这些方程的求解,不仅可以解决具体的应用问题,还可以得到极有价值的一般方法和结论.因此,数学物理方程这个学科应运而生.本书在选材上侧重于应用而非数学上的严格性,尽量为读者提供与数学物理方程有关的基本概念、基本原理和解题的各种方法及技巧.

　　作为微积分、线性代数、概率统计等大学数学课程的后继课程,数学物理方程是物理、力学、地球物理、电气工程、计算机科学等理工科专业本科生及部分非数学专业硕士研究生的必修基础课程.开设该课程的目的不仅在于为学生学习其他专业课提供必要的数学基础和工具,巩固和深化他们所学到的数学知识,还包括对学生应用数学工具解决实际问题的能力进行初步训练.因此,数学物理方程是体现数学素质教育特色的一门课程,应该把培养学生的科学思维、分析能力和创新意识作为教和学的任务之一,提高学生的数学素养.

　　多年来,我们一直为中国矿业大学(北京)地球物理和地球科学等工科专业及数学相关专业本科生讲授数学物理方程这门课程,深感编写一本既符合专业需要又具有较广泛适应性的教材十分必要.本书是作者基于上述认识和长期教学实践的经验,结合国内外经典教材的特点,在自编讲义的基础上修改补充而完成的.

　　本书主要用到了数学分析、线性代数和常微分方程的知识,有些内容也用到了复变函数的知识.为了降低难度,本书将这些内容穿插在相应的章节中并附有简明讲解.尽管数学物理方程是一门数学课,但本书并不一味地追求数学理论上的严密性和完备性,而是把重点放在问题的物理含义、数学方法和思想以及基本技巧上,使学生开阔眼界,进一步提高他们处理实际问题的能力,并以此来决定内容取舍、详略选择、体系安排等.

　　本书内容分为六章.和其他教材略有不同,本书将施图姆-刘维尔理论放在了第一章,以便学生更好地掌握分离变量法的核心基础.由于积分变换方法在别的课程中往往会有所涉及,因此本书未列入.第二至六章的内容分别为分离变量法、贝塞尔函数、勒让德函数、格林函数和变分法.作为教材使用时,书中内容可根据专业需求、课时计划加以取舍.在教学节奏不是很紧凑的情况下,对于48学时的课时安排来说,可以在前两章内容的基础上再选取两章内容,60学时的可以选取五章内容,72学时的则可以将全书内容全部讲授.

　　由于编者学识有限,书中难免出现疏漏,恳请各位读者批评指正,以期改进.

编　者

2021 年 6 月

目　录

第一章 施图姆-刘维尔理论

§1.1 线性空间和线性变换

本节对线性代数部分内容做一个简短的复习,以利于后续知识的学习.

1.1.1 向量和内积

我们称由 n 个实数 $x_1, x_2, \cdots, x_n$ 所组成的向量为 n 维空间的一个向量,用 x 来表示,$x_i (i=1,2,\cdots,n)$ 叫作向量 x 的**分量**. 如果一个向量的所有分量均为零,则称该向量为**零向量**. 给定任意两个实数 a 和 b,则 $ax+by=z$ 为一个新的向量,其分量为 $z_i = ax_i + by_i$. 所有向量 x 的集合张成了 n 维线性空间 $\mathbf{R}^n$.

向量 x 和 y 的内积 $x \cdot y$ 是一个数,记作

$$x \cdot y = y \cdot x = x_1 y_1 + x_2 y_2 + \cdots + x_n y_n. \tag{1.1.1}$$

如果 $x \cdot y = 0$,则称 x 和 y 相互**正交**或**垂直**. 一个向量和它自己的内积的正平方根叫作该向量的**范数**或**模**,也称**长度**,记作

$$| \, x \, | = \sqrt{x^2}. \tag{1.1.2}$$

长度为 1 的向量叫作**单位向量**或**归一化向量**.

易知,下面关于 p 的二次函数非负:

$$\sum_{i=1}^{n} (x_i p + y_i)^2 = p^2 \sum_{i=1}^{n} x_i^2 + 2p \sum_{i=1}^{n} x_i y_i + \sum_{i=1}^{n} y_i^2 \geqslant 0.$$

考虑其判别式,容易证明向量的内积满足柯西-施瓦茨不等式,即

$$\Big(\sum_{i=1}^{n} x_i y_i\Big)^2 \leqslant \Big(\sum_{i=1}^{n} x_i^2\Big)\Big(\sum_{i=1}^{n} y_i^2\Big), \tag{1.1.3}$$

或者表示为

$$(\boldsymbol{x} \cdot \boldsymbol{y})^2 \leqslant \boldsymbol{x}^2 \boldsymbol{y}^2. \tag{1.1.4}$$

其中等号当且仅当 x_i 和 y_i 成比例的时候才成立,这时候向量 $\boldsymbol{x}$ 和 $\boldsymbol{y}$ 线性相关,即存在不全为 0 的数 λ 和 μ,使得 $\lambda \boldsymbol{x} + \mu \boldsymbol{y} = \boldsymbol{0}$ 成立.

如果不可能找到一组不全为 0 的数 $\lambda_1, \lambda_2, \cdots, \lambda_m$,使得向量方程

$$\lambda_1 \boldsymbol{x}_1 + \lambda_2 \boldsymbol{x}_2 + \cdots + \lambda_m \boldsymbol{x}_m = \boldsymbol{0} \tag{1.1.5}$$

成立,则称向量 $\boldsymbol{x}_1, \boldsymbol{x}_2, \cdots, \boldsymbol{x}_m$ 彼此**线性无关**或**线性独立**;否则,就称这些向量**线性相关**.

1.1.2　标准正交基

给定 n 维空间中任意一组由 m 个互相正交的单位向量组成的向量组 $\boldsymbol{e}_1, \boldsymbol{e}_2, \cdots, \boldsymbol{e}_m$,即

$$\boldsymbol{e}_i \cdot \boldsymbol{e}_j = \delta_{ij} = \begin{cases} 0, & i \neq j, \\ 1, & i = j \end{cases} \quad (i, j = 1, 2, \cdots, m), \tag{1.1.6}$$

其中 δ_{ij} 是克罗内克记号. 我们用系数 c_i 表示向量 $\boldsymbol{x}$ 相对于向量组 $\boldsymbol{e}_1, \boldsymbol{e}_2, \cdots, \boldsymbol{e}_m$ 的分量,其值为

$$c_i = \boldsymbol{x} \cdot \boldsymbol{e}_i, \tag{1.1.7}$$

则显然有关系

$$(\boldsymbol{x} - c_1 \boldsymbol{e}_1 - c_2 \boldsymbol{e}_2 - \cdots - c_m \boldsymbol{e}_m)^2 \geqslant 0,$$

其中 $m \leqslant n$,展开后可得到

$$\boldsymbol{x}^2 \geqslant \sum_{i=1}^{m} c_i^2. \tag{1.1.8}$$

当 $m = n$ 时等号成立,即

$$\boldsymbol{x}^2 = \sum_{i=1}^{n} c_i^2. \tag{1.1.9}$$

我们称其为**完备性关系**. 完备性关系也可以用向量的内积表示为

$$\boldsymbol{x} \cdot \boldsymbol{x}' = \sum_{i=1}^{n} c_i c_i'. \tag{1.1.10}$$

任意一组由 n 维空间中的 n 个互相正交的单位向量组成的向量组 $\boldsymbol{e}_1, \boldsymbol{e}_2, \cdots, \boldsymbol{e}_n$ 都是完备的,即 $\mathbf{R}^n$ 中任意一个向量 $\boldsymbol{x}$ 均可以表示为

$$\boldsymbol{x} = c_1 \boldsymbol{e}_1 + c_2 \boldsymbol{e}_2 + \cdots + c_n \boldsymbol{e}_n. \tag{1.1.11}$$

系数 c_i 的定义同上. 我们称向量组 $e_1, e_2, \cdots, e_n$ 构成 n 维空间的一组**标准正交基**.

1.1.3　线性变换

已知由 n^2 个实数排列成的 n 阶矩阵 $\boldsymbol{A}$, 若将第 i 行第 j 列的矩阵元记为 a_{ij}, 则矩阵 $\boldsymbol{A}$ 可表示为

$$\boldsymbol{A} = (a_{ij}) = \begin{pmatrix} a_{11} & a_{12} & \cdots & a_{1n} \\ a_{21} & a_{22} & \cdots & a_{2n} \\ \vdots & \vdots & & \vdots \\ a_{n1} & a_{n2} & \cdots & a_{nn} \end{pmatrix}. \tag{1.1.12}$$

我们称关系

$$\sum_{j=1}^{n} a_{ij} x_j = y_i \quad (i = 1, 2, \cdots, n) \tag{1.1.13}$$

为由向量 $\boldsymbol{x}$ 到向量 $\boldsymbol{y}$ 的一个**线性变换**, 可用符号简写为

$$\boldsymbol{Ax} = \boldsymbol{y}. \tag{1.1.14}$$

已知矩阵 $\boldsymbol{A}$ 和 $\boldsymbol{B}$ 的乘积矩阵 $\boldsymbol{C} = \boldsymbol{AB}$, 则其矩阵元 c_{ij} 按照矩阵乘法的规则可由下式给出:

$$c_{ij} = \sum_{k=1}^{n} a_{ik} b_{kj} \quad (i, j = 1, 2, \cdots, n). \tag{1.1.15}$$

矩阵的乘法满足结合律, 即 $(\boldsymbol{AB})\boldsymbol{C} = \boldsymbol{A}(\boldsymbol{BC})$. 但是矩阵乘法的交换律一般不成立. 由于单位矩阵 $\boldsymbol{E}$ 的矩阵元 $(\boldsymbol{E})_{ij} = \delta_{ij}$, 因此单位矩阵 $\boldsymbol{E}$ 和任何矩阵 $\boldsymbol{A}$ 的乘积都是可交换的, 即

$$\boldsymbol{EA} = \boldsymbol{AE} = \boldsymbol{A}. \tag{1.1.16}$$

如果 n 阶实矩阵 $\boldsymbol{U}$ 和其转置矩阵的乘积等于单位矩阵, 即 $\boldsymbol{UU}^{\mathrm{T}} = \boldsymbol{E}$, 则我们称 $\boldsymbol{U}$ 是**正交矩阵**. n 维欧式空间中保持向量内积不变的线性变换称为**正交变换**. 在任一组标准正交基下, 正交变换的矩阵都是正交矩阵. 正交矩阵的行列式等于 ± 1, 并且正交矩阵的行(列)向量是两两正交的单位向量, 反之亦然.

§1.2　规范正交基

1.2.1　规范正交系

类似于把 n 维空间中的任意一个向量表示为基向量的线性组合, 现在我

们要考虑的是把任意函数按照给定的函数集展开. 当然,对于"任意函数",我们还是要加一些适当的条件. 一般来说,我们考虑的是有限区间上的分段连续函数,并且往往要求它们有分段连续的一阶导数.

在给定区间上,比如 $[a,b]$,我们定义两个函数 $f(x)$ 和 $g(x)$ 的内积为

$$(f,g) = \int_a^b f(x)g(x)\mathrm{d}x. \qquad (1.2.1)$$

和向量内积的情形一样,函数的内积也满足柯西-施瓦茨不等式,即

$$(f,g)^2 \leqslant (f,f)(g,g), \qquad (1.2.2)$$

其中等号当且仅当 f 和 g 成比例时成立,并且此式的证明也与向量的内积如出一辙. 对于实数 p,考虑积分

$$\int_a^b (pf+g)^2 \mathrm{d}x = p^2 \int_a^b f^2 \mathrm{d}x + 2p \int_a^b fg\,\mathrm{d}x + \int_a^b g^2 \mathrm{d}x \geqslant 0,$$

由判别式非正,即得柯西-施瓦茨不等式. 一般情况下,我们处理的是实函数,对实变数的复值函数而言,内积的定义可推广为

$$(f,g) = \int_a^b f\overline{g}\,\mathrm{d}x. \qquad (1.2.3)$$

如果函数 $f(x)$ 和 $g(x)$ 的内积 (f,g) 为零,则称它们**正交**. 互相正交的一组函数称为**正交函数系**或称**直交系**. 一个函数 $f(x)$ 和自己内积的正平方根称为该函数的**范数**,也称**模**,用符号 $\|f\|$ 表示,即

$$\|f\| = \sqrt{(f,f)} = \sqrt{\int_a^b f^2(x)\mathrm{d}x}. \qquad (1.2.4)$$

范数为 1 的函数称为**归一化函数**. 一组互相正交的归一化的函数组 $\varphi_1(x)$, $\varphi_2(x)$, … 称为**规范正交系**,也称**就范直交系**,且满足关系

$$(\varphi_\mu, \varphi_\nu) = \delta_{\mu\nu}. \qquad (1.2.5)$$

例如,在长度为 2π 的区间内,比如 $0 \leqslant x \leqslant 2\pi$,则以下函数列构成规范正交系:

$$\frac{1}{\sqrt{2\pi}}, \quad \frac{\cos x}{\sqrt{\pi}}, \quad \frac{\sin x}{\sqrt{\pi}}, \quad \frac{\cos 2x}{\sqrt{\pi}}, \quad \frac{\sin 2x}{\sqrt{\pi}}, \quad \cdots \qquad (1.2.6)$$

对于复值函数,则有如下规范正交系:

$$\frac{1}{\sqrt{2\pi}}, \quad \frac{\mathrm{e}^{\mathrm{i}x}}{\sqrt{2\pi}}, \quad \frac{\mathrm{e}^{2\mathrm{i}x}}{\sqrt{2\pi}}, \quad \cdots \qquad (1.2.7)$$

其正交关系为

$$\frac{1}{2\pi}\int_0^{2\pi} \mathrm{e}^{\mathrm{i}(m-n)x}\,\mathrm{d}x = \delta_{mn}. \qquad (1.2.8)$$

如果存在不全为 0 的一组常系数 $c_1,c_2,\cdots,c_r$,使得关系式

$$\sum_{i=1}^{r}c_if_i=0 \tag{1.2.9}$$

对所有 x 都成立,则我们称 $f_1,f_2,\cdots,f_r$ r 个函数**线性相关**;否则,称这些函数**线性无关**.易知,正交函数系中的各个函数都是线性无关的.给定一组线性无关的函数,我们可以用类似于线性代数中的施密特正交化方法来得到规范正交系.下一节将举例说明该问题.

1.2.2   贝塞尔不等式

如果任意函数 $f(x)$ 与规范正交系 $\varphi_1(x),\varphi_2(x),\cdots$ 中的函数 φ_i 的内积 c_i 为

$$c_i=(f,\varphi_i)=\int_a^bf(x)\varphi_i(x)\mathrm{d}x \quad (i=1,2,\cdots), \tag{1.2.10}$$

我们称 c_i 为函数 $f(x)$ 对所给规范正交系的**展开系数**或**分量**.由关系式

$$\int_a^b(f-\sum_{i=1}^{n}c_i\varphi_i)^2\mathrm{d}x\geqslant 0$$

逐项积分,可得

$$\int_a^bf^2\mathrm{d}x-2\sum_{i=1}^{n}c_i\int_a^bf\varphi_i\mathrm{d}x+\sum_{i=1}^{n}c_i^2\geqslant 0,$$

因此

$$\sum_{i=1}^{n}c_i^2\leqslant (f,f). \tag{1.2.11}$$

这一关系对就范直交系所包含的函数个数没有限制,也不依赖于 n,于是有

$$\sum_{i=1}^{\infty}c_i^2\leqslant (f,f). \tag{1.2.12}$$

上式称为**贝塞尔不等式**,它对任意的规范正交系都成立,并且不难推广到复值函数的情形.

1.2.3   帕塞瓦尔恒等式

易知,在给定 n 的条件下,对于任意的 n 个数 $r_i(i=1,2,\cdots,n)$,都有

$$S_n=\int_a^b(f-\sum_{i=1}^{n}r_i\varphi_i)^2\mathrm{d}x$$

$$=\int_a^bf^2\mathrm{d}x+\sum_{i=1}^{n}(r_i-c_i)^2-\sum_{i=1}^{n}c_i^2\geqslant 0. \tag{1.2.13}$$

如果我们要用线性组合 $\sum r_i\varphi_i(i=1,2,\cdots,n)$ 来逼近函数 $f(x)$,显然在 $r_i=c_i$

时平方误差 S_n 取最小值 $S_{n\min}$. 这种近似称为**平均近似**或**最小二乘法近似**. 若规范正交系 $\varphi_1,\varphi_2,\cdots$ 对任意分段连续的函数 f 均能以任意准确度进行平均近似, 即对于任意给定的 $\varepsilon > 0$, 可取充分大的 n 使得 $S_{n\min} < \varepsilon$, 则称规范正交系 $\varphi_1,\varphi_2,\cdots$ 是**完备**的. 应当指出的是, 完备性并不需要满足正交关系. 一般说来, 如果任一分段连续的函数均可由所给函数组中函数的线性组合以任意准确度逼近, 我们就称该函数组是**完备**的. 当然, 该函数组也可以通过正交化方法得到一组完备的归一化的正交函数系.

完备的规范正交系称为**规范正交基**, 此时贝塞尔不等式成为等式

$$\sum_{i=1}^{\infty} c_i^2 = (f,f). \tag{1.2.14}$$

上式称作**完备性关系**, 又称**帕塞瓦尔恒等式**. 任给函数 $f(x)$ 和 $g(x)$, 完备性关系可以更一般地表示为

$$\sum_{i=1}^{\infty} c_i d_i = (f,g), \quad c_i = (f,\varphi_i), \quad d_i = (g,\varphi_i). \tag{1.2.15}$$

如果级数 $\sum_{i=1}^{\infty} c_i\varphi_i$ 一致收敛, 则展开式

$$f(x) = \sum_{i=1}^{\infty} c_i\varphi_i(x) \tag{1.2.16}$$

成立. 若式 (1.2.14) 成立, 我们称 $\sum_{i=1}^{\infty} c_i\varphi_i$ 平均收敛于函数 f, 且这样一组展开系数完全确定了一个分段连续的函数, 即两个分段连续的函数若有相同的展开系数, 则它们相等. 对于无界函数, 只要函数及其平方可积分, 则上述结论仍然成立.

于是, 同 n 维空间的情形相似, 我们把函数 f 看作无穷维函数空间的一个向量, 规范正交基 $\varphi_1,\varphi_2,\cdots$ 等同于标准正交基, 展开系数 $c_i = (f,\varphi_i)$ 则相当于坐标分量. 这个函数空间我们常称之为**希尔伯特空间**, 严格的定义和相关理论可参阅泛函分析方面的书籍. 若 $\psi_1,\psi_2,\cdots$ 是另一组规范正交基, 则它们与 $\varphi_1,\varphi_2,\cdots$ 之间的展开系数决定了无穷维的希尔伯特空间的正交变换.

1.2.4　函数的聚点定理

为了使 n 维空间中的一些重要结论在当前考虑的函数空间中依然成立, 我们将对所讨论的函数集合加以限制. 为此我们引入等度连续的概念: 在给定的有界区域内, 若对任意正数 $\varepsilon > 0$, 存在一个只依赖于 ε 而不依赖于集合中个别 $f(x)$ 的正数 $\delta = \delta(\varepsilon)$, 使得当 $|x_1 - x_2| < \delta(\varepsilon)$ 时, 就有

$$| f(x_1) - f(x_2) | < \varepsilon.$$

现在,我们不仅要求函数是连续的,而且要求所讨论的函数集合是等度连续的.对等度连续的函数集合而言,聚点定理成立:任给定义在有界区域 D 内的一致有界并等度连续的函数集合,从中可以选出一个序列 $h_1(x), h_2(x), \cdots$ 该序列一致收敛于一个在 D 内连续的极限函数.

不难证明,等度连续的函数集合中,任一收敛子列必一致收敛;同时,若函数列 $g_1(x), g_2(x), \cdots$ 在 $n \to \infty$ 时有 $(g_n, g_n) \to 0$,则有 $g_n \to 0$.

§1.3 完备性举例

1.3.1 两个例子

下文将介绍的两个例子,实则为定理,了解它们有助于加深我们对本课程所要学习的以及之前已经掌握的一些方法的理解.

设 $\lambda_1, \lambda_2, \cdots, \lambda_n, \cdots$ 为随 n 增大而趋于无穷的正数,则函数组

$$\frac{1}{x+\lambda_1}, \quad \frac{1}{x+\lambda_2}, \quad \cdots, \quad \frac{1}{x+\lambda_n}, \quad \cdots \tag{1.3.1}$$

在任一有限区间内均构成一完备函数组.

设 $\lambda_1, \lambda_2, \cdots, \lambda_n, \cdots$ 为随 n 增大而趋于无穷的正数,则幂函数的无穷序列

$$1, \quad x^{\lambda_1}, \quad x^{\lambda_2}, \quad \cdots, \quad x^{\lambda_n}, \quad \cdots \tag{1.3.2}$$

在区间 $0 \leqslant x \leqslant 1$ 内完备的充要条件是 $\sum_{n=1}^{\infty} 1/\lambda_n$ 发散.当 λ_i 取自然数时,该序列就成为我们熟悉的情形:$1, x, x^2, \cdots, x^n, \cdots$.

幂函数 $1, x, x^2, \cdots, x^n, \cdots$ 在任一闭区间 $a \leqslant x \leqslant b$ 上均构成一完备函数组,这是最简单的完备函数组的例子.此外,我们还有魏尔斯特拉斯逼近定理:在区间 $a \leqslant x \leqslant b$ 上的任意连续函数可用在此区间上的多项式一致逼近.这一结论指出的是一致收敛,比完备性所要求的平均收敛要强,并且还可以推广到多元函数的情形.

1.3.2 勒让德多项式

上述函数组虽然是完备的,但不是正交的.在 n 维向量空间中,从一组基向量出发,由施密特正交化方法可构造出一组正交归一的基向量.与此相仿,

现在我们从 $1, x, x^2, \cdots, x^n, \cdots$ 出发构造在区间 $-1 \leqslant x \leqslant 1$ 上的规范正交基.

首先我们取 $\varphi_0 = 1$,然后将其归一化. 显然 $\| \varphi_0 \|^2 = (\varphi_0, \varphi_0) = 2$,因此第一个归一化的函数 u_0 为

$$u_0 = \frac{\sqrt{2}}{2}. \tag{1.3.3}$$

继而我们由函数 x 来构造函数 φ_1,要求 φ_1 和 u_0 正交,即 $\varphi_1 = x - (x, u_0)u_0$. 由于 x 是奇函数,u_0 是偶函数,积分区间关于原点对称,故 $(x, u_0) = 0$,于是 $\varphi_1 = x$. 再将 φ_1 归一化可得到函数 u_1 为

$$u_1 = \frac{\varphi_1}{\| \varphi_1 \|} = \frac{x}{\sqrt{\int_{-1}^{1} x^2 \mathrm{d}x}} = \sqrt{\frac{3}{2}} x. \tag{1.3.4}$$

接下来,由函数 x^2 来构造函数 φ_2,要求 φ_2 和 u_1 及 u_0 都正交,即 $\varphi_2 = x^2 - (x^2, u_1)u_1 - (x^2, u_0)u_0$. 同理,$(x^2, u_1) = 0$,而 (x^2, u_0) 则为

$$(x^2, u_0) = \int_{-1}^{1} \frac{\sqrt{2}}{2} x^2 \mathrm{d}x = \frac{\sqrt{2}}{3}. \tag{1.3.5}$$

因此归一化的函数 u_2 为

$$u_2 = \frac{\varphi_2}{\| \varphi_2 \|} = \frac{x^2 - \frac{1}{3}}{\sqrt{\int_{-1}^{1} \left(x^2 - \frac{1}{3} \right)^2 \mathrm{d}x}} = \frac{\sqrt{10}}{4}(3x^2 - 1). \tag{1.3.6}$$

重复以上步骤,即可得到规范正交基 $u_0, u_1, \cdots, u_n, \cdots$ 然而,在区间 $-1 \leqslant x \leqslant 1$ 上使用更为广泛的正交函数基是所谓的勒让德多项式 $P_n(x)$,可表示为

$$P_n(x) = \frac{1}{2^n \cdot n!} \frac{\mathrm{d}^n}{\mathrm{d}x^n} (x^2 - 1)^n \quad (n = 0, 1, 2, \cdots), \tag{1.3.7}$$

其中 $P_n(x)$ 是 n 次多项式,并且 $P_n(x)$ 和 $u_n(x)$ 相差一个依赖于 n 的常数因子. 前几个勒让德多项式分别为

$$P_0(x) = 1, \quad P_1(x) = x, \quad P_2(x) = \frac{1}{2}(3x^2 - 1),$$

$$P_3(x) = \frac{1}{2}(5x^3 - 3x), \quad P_4(x) = \frac{1}{8}(35x^4 - 30x^2 + 3),$$

$$P_5(x) = \frac{1}{8}(63x^5 - 70x^3 + 15x).$$

§1.4 傅里叶级数

1.4.1 三角函数系

在 1.2 节,我们列举了在区间 $-\pi \leqslant x \leqslant \pi$ 上的规范正交系

$$\frac{1}{\sqrt{2\pi}}, \quad \frac{\cos x}{\sqrt{\pi}}, \quad \frac{\sin x}{\sqrt{\pi}}, \quad \frac{\cos 2x}{\sqrt{\pi}}, \quad \frac{\sin 2x}{\sqrt{\pi}}, \quad \cdots$$

实际上,这一函数系还是完备的,因此是规范正交基. 在实际应用中,通常使用的是如下完备正交函数系:

$$1, \quad \cos x, \quad \sin x, \quad \cos 2x, \quad \sin 2x, \quad \cdots \tag{1.4.1}$$

当 $m, n = 1, 2, \cdots$ 时,其内积分别为

$$(\cos mx, \cos nx) = \int_{-\pi}^{\pi} \cos mx \cos nx \, \mathrm{d}x = \delta_{mn}\pi, \tag{1.4.2}$$

$$(\sin mx, \sin nx) = \int_{-\pi}^{\pi} \sin mx \sin nx \, \mathrm{d}x = \delta_{mn}\pi, \tag{1.4.3}$$

$$(\cos mx, \sin nx) = \int_{-\pi}^{\pi} \cos mx \sin nx \, \mathrm{d}x = 0, \tag{1.4.4}$$

$$(1, \cos mx) = (1, \sin mx) = 0, \quad (1, 1) = 2\pi. \tag{1.4.5}$$

1.4.2 傅里叶级数

在数学分析中,我们已经习得关于三角函数系的狄利克莱收敛条件:设 $f(x)$ 是周期为 2π 的周期函数,只有有限个第一类间断点和有限个极大值和极小值,则 $f(x)$ 的傅里叶级数收敛,并且

$$\frac{1}{2}a_0 + \sum_{n=1}^{\infty}(a_n \cos nx + b_n \sin nx) = \frac{f(x+0) + f(x-0)}{2}, \tag{1.4.6}$$

其中 $f(x-0)$ 和 $f(x+0)$ 分别为 $f(x)$ 的左、右极限,在不引起混淆时,我们往往直接写作 $f(x)$. 而展开系数 a_n 和 b_n 分别为

$$a_n = \frac{1}{\pi} \int_{-\pi}^{\pi} f(x) \cos nx \, \mathrm{d}x \quad (n = 0, 1, 2, \cdots), \tag{1.4.7}$$

$$b_n = \frac{1}{\pi} \int_{-\pi}^{\pi} f(x) \sin nx \, \mathrm{d}x \quad (n = 1, 2, \cdots). \tag{1.4.8}$$

如果 $f(x)$ 是奇函数,则展开式只有正弦项,称之为**正弦级数**;如果 $f(x)$

是偶函数,则展开式只有余弦项,称之为**余弦级数**.

当 $f(x)$ 的周期为 $2l$ 时,令 $x = lt/\pi$,则函数 $g(t) = f(lt/\pi)$ 以 2π 为周期,当 $g(t)$ 可以展开为傅里叶级数时,对于 $f(x)$,我们有

$$f(x) = \frac{1}{2}a_0 + \sum_{n=1}^{\infty}\left(a_n\cos\frac{n\pi x}{l} + b_n\sin\frac{n\pi x}{l}\right), \qquad (1.4.9)$$

其中系数 a_n 和 b_n 分别为

$$a_n = \frac{1}{l}\int_{-l}^{l}f(x)\cos\frac{n\pi x}{l}\mathrm{d}x \quad (n=0,1,2,\cdots), \qquad (1.4.10)$$

$$b_n = \frac{1}{l}\int_{-l}^{l}f(x)\sin\frac{n\pi x}{l}\mathrm{d}x \quad (n=1,2,\cdots). \qquad (1.4.11)$$

1.4.3 有限区间上函数的傅里叶级数

若 $f(x)$ 是定义在区间 $[-l,l]$ 上的函数,则我们以 $2l$ 为周期进行周期延拓,可得到一个定义在整个数轴上的以 $2l$ 为周期的函数 $F(x)$:

$$F(x) = f(x_1), \quad x = x_1 + 2nl, \quad -l \leqslant x_1 \leqslant l, \quad n \in \mathbf{Z}. \qquad (1.4.12)$$

将 $F(x)$ 的傅里叶级数局限于区间 $[-l,l]$ 上就可以给出函数 $f(x)$.

特别要指出的是,所谓奇延拓和偶延拓,分别对应的是正弦展开和余弦展开. 考虑定义在区间 $[0,l]$ 上的函数 $f(x)$,为了把它展开为傅里叶级数,我们首先将其延拓到区间 $[-l,0]$ 上,然后再将定义在区间 $[-l,l]$ 上的新函数以 $2l$ 为周期延拓到整个数轴上求出其傅里叶级数. 作奇延拓时,令

$$f_\mathrm{o}(x) = \begin{cases} f(x), & 0 < x \leqslant l, \\ 0, & x = 0, \\ -f(-x), & -l \leqslant x < 0, \end{cases} \qquad (1.4.13)$$

则新函数 $f_\mathrm{o}(x)$ 是区间 $[-l,l]$ 上的奇函数,它的傅里叶级数只有正弦项,即

$$f_\mathrm{o}(x) = \sum_{n=1}^{\infty}b_n\sin\frac{n\pi x}{l}, \qquad (1.4.14)$$

其中

$$b_n = \frac{2}{l}\int_{0}^{l}f(x)\sin\frac{n\pi x}{l}\mathrm{d}x \quad (n=1,2,\cdots). \qquad (1.4.15)$$

式 (1.4.14) 限制在区间 $[0,l]$ 上就是函数 $f(x)$,因此称作 $f(x)$ 的**正弦展开**.

作偶延拓时,则令

$$f_\mathrm{e}(x) = \begin{cases} f(x), & 0 \leqslant x \leqslant l, \\ f(-x), & -l \leqslant x \leqslant 0. \end{cases} \qquad (1.4.16)$$

此时 $f_\mathrm{e}(x)$ 是区间 $[-l,l]$ 上的偶函数,它的傅里叶级数只有余弦项,即

$$f_e(x) = \frac{1}{2}a_0 + \sum_{n=1}^{\infty} a_n \cos \frac{n\pi x}{l}, \qquad (1.4.17)$$

其中

$$a_n = \frac{2}{l}\int_0^l f(x)\cos\frac{n\pi x}{l}\mathrm{d}x \quad (n=0,1,2,\cdots). \qquad (1.4.18)$$

这种方式称作**余弦展开**.

1.4.4　多重傅里叶级数

上述方法可以推广到多元函数的情形,为简明起见,我们以定义在区域 $0 \leqslant x \leqslant a, 0 \leqslant y \leqslant b$ 上的函数 $f(x,y)$ 为例来说明.

为便于理解,我们按照如下方式来操作.首先对变量 x,y 均作奇延拓,得到定义在区域 $-a \leqslant x \leqslant a, -b \leqslant y \leqslant b$ 上的新函数 $F(x,y)$.然后再各自以 $2a,2b$ 为周期将 x,y 的定义域延拓到整个数轴上,函数仍然以符号 $F(x,y)$ 来表示.显然 $F(x,y)$ 对 x,y 而言均为奇函数.

如果我们视 y 为参量,将 $F(x,y)$ 对 x 作傅里叶展开,则

$$F(x,y) = \sum_{m=1}^{\infty} A_m(y)\sin\frac{m\pi}{a}x, \qquad (1.4.19)$$

其中

$$A_m(y) = \frac{2}{a}\int_0^a f(x,y)\sin\frac{m\pi x}{a}\mathrm{d}x \quad (m=1,2,\cdots). \qquad (1.4.20)$$

由于 $A_m(y)$ 是 y 的奇函数,我们可以继续将其作傅里叶展开,则

$$A_m(y) = \sum_{n=1}^{\infty} B_{mn}\sin\frac{n\pi}{b}y, \qquad (1.4.21)$$

其中

$$B_{mn} = \frac{2}{b}\int_0^b A_m(y)\sin\frac{n\pi}{b}y\,\mathrm{d}y. \qquad (1.4.22)$$

代入 $A_m(y)$ 即得

$$B_{mn} = \frac{4}{ab}\int_0^a\int_0^b f(x,y)\sin\frac{m\pi}{a}x\sin\frac{n\pi}{b}y\,\mathrm{d}x\,\mathrm{d}y. \qquad (1.4.23)$$

将变量 x,y 限制在区域 $0 \leqslant x \leqslant a, 0 \leqslant y \leqslant b$ 上,即得 $f(x,y)$ 的二重正弦展开为

$$f(x,y) = \sum_{m,n=1}^{\infty} B_{mn}\sin\frac{m\pi}{a}x\sin\frac{n\pi}{b}y. \qquad (1.4.24)$$

§1.5 施图姆-刘维尔理论

1.5.1 施图姆-刘维尔型方程

对于二阶线性常微分方程

$$y'' + P(x)y' + Q(x)y = R(x) \qquad (1.5.1)$$

的初值问题,我们有解的存在唯一性定理:设 $P(x)$, $Q(x)$ 与 $R(x)$ 是闭区间 $[a,b]$ 上的连续函数,若 x_0 是区间 $[a,b]$ 上的任一点且 y_0 与 y'_0 是任何数,则方程(1.5.1) 在 $[a,b]$ 上有且只有一个解 $y(x)$,使 $y(x_0) = y_0$, $y'(x_0) = y'_0$。

与初值问题不同,一般来说,边值问题不一定有解,即使有,也不一定唯一。下面我们考察区间 $[a,b]$ 上含有一个参数 λ 的特定的二阶线性常微分方程的边值问题。将 λ 项单独写出,则方程形式为

$$y'' + P(x)y' - \widetilde{Q}(x)y + \lambda \widetilde{\rho}(x)y = 0, \qquad (1.5.2)$$

两边同乘以 $k(x)$,其形式为

$$k(x) = \mathrm{e}^{\int P(x)\mathrm{d}x}, \qquad (1.5.3)$$

则方程化为

$$k(x)y'' + k(x)P(x)y' - k(x)\widetilde{Q}(x)y + \lambda k(x)\widetilde{\rho}(x)y = 0.$$

注意到 $k(x)P(x) = k'(x)$,并令 $q(x) = k(x)\widetilde{Q}(x)$, $\rho(x) = k(x)\widetilde{\rho}(x)$,我们可以得到

$$\frac{\mathrm{d}}{\mathrm{d}x}\left[k(x)\frac{\mathrm{d}y}{\mathrm{d}x}\right] - q(x)y + \lambda \rho(x)y = 0. \qquad (1.5.4)$$

方程(1.5.4) 称为**施图姆-刘维尔(Sturm-Liouville) 型方程(S-L 方程)** 或**自共轭型方程**, λ 称为**本征值**(或**特征值**), $\rho(x)$ 称为**权函数**。对于一般形式的二阶齐次线性微分方程

$$b_0(x)y''(x) + b_1(x)y'(x) + b_2(x)y(x) + \lambda y(x) = 0, \qquad (1.5.5)$$

仿照上述过程,不难将其转化为施图姆-刘维尔型方程。先选取函数 $\rho(x)$,使得

$$[\rho(x)b_0]' = \rho(x)b_1,$$

即

$$\frac{\rho'}{\rho} = \frac{b_1 - b'_0}{b_0},$$

由此可解得

$$\rho(x) = \frac{1}{b_0} \mathrm{e}^{\int \frac{b_1}{b_0} \mathrm{d}x}. \tag{1.5.6}$$

将式(1.5.5)两边同乘以 $\rho(x)$,可得

$$\rho(x)b_0(x)y''(x) + [\rho(x)b_0]'y'(x) + b_2(x)\rho(x)y(x)$$
$$+ \lambda\rho(x)y(x) = 0,$$

再令 $k(x) = \rho(x)b_0(x), -q(x) = \rho(x)b_2(x)$,即得施图姆-刘维尔型方程.

1.5.2　施图姆-刘维尔型方程的本征值问题

在给施图姆-刘维尔方程加上一定的边界条件后,能使其有非平凡解的 λ 值称为**本征值**,与此 λ 相对应的解 $y(x)$ 称为**本征函数**. 我们把求本征值和本征函数的边值问题称为施图姆-刘维尔型方程的**本征值问题**.

一般来说,施图姆-刘维尔型方程的本征值问题会涉及很多条件,包括区间 (a,b) 是否有界;对函数 $k(x),q(x),\rho(x)$ 的要求;边界条件的提法;等等. 因此,相关结论也就非常繁多而复杂. 继施图姆-刘维尔的开创性工作之后,施图姆-刘维尔理论被广泛研究,比如施图姆-刘维尔算子的谱理论、渐近分析方法、高阶施图姆-刘维尔型方程、非线性施图姆-刘维尔型方程等;同时,这些工作也对数学研究产生了深远的影响. 这里将避开专业的知识和方法,在比较强的条件下,阐述二阶线性微分方程的施图姆-刘维尔理论.

当区间 $[a,b]$ 无界,或者 $k(a)k(b) = 0$ 时(即 $k(x)$ 在区间 $[a,b]$ 的一个或两个端点处的取值为零),施图姆-刘维尔型方程称为**奇异**的,反之称为**非奇异**的. 此处主要讨论 $[a,b]$ 为有限区间的情形,并对方程(1.5.4)中的系数函数作下述假定:

(1) 在 $[a,b]$ 上 $k(x),k'(x),q(x),\rho(x)$ 连续;当 $x \in (a,b)$ 时,$k(x) > 0$,$\rho(x) > 0, q(x) \geqslant 0$,而 a,b 至多是 $k(x)$ 的一阶零点.

(2) $q(x)$ 在端点至多有一阶极点,例如,就 a 点而言,有 $q(x) = q_1(x)/(x-a)$,而 $q_1(x)$ 在 $x = a$ 处可展开成幂级数.

在数学物理方程中遇到的本征值问题,常是对施图姆-刘维尔型方程附以下述边界条件之一:

(1) 当 $k(a) > 0$(或 $k(b) > 0$),且 $q(x)$ 在 a(或 b)点连续时,对方程(1.5.4)所加的齐次边界条件为

$$\alpha_1 y'(a) - \beta_1 y(a) = 0 \quad \text{或} \quad \alpha_2 y'(b) + \beta_2 y(b) = 0, \tag{1.5.7}$$

式中,α_i, β_i 都是非负常数,且 $\alpha_i + \beta_i \neq 0 \ (i = 1,2)$.

(2) 当 $k(x)$ 在某端点为零时,例如 $k(a)=0$,这时施图姆-刘维尔型方程为奇异的. 如果 $y_1(x)$, $y_2(x)$ 是方程(1.5.4)的两个线性无关的解,并且

$$\lim_{x \to a} y_1(x) = \text{有限值}, \tag{1.5.8}$$

则由于端点 a 是方程的正则奇点, $y_2(x)$ 在 a 点附近一般是无界的. 为了保证解的有界性,就要附以有界性条件: $y(a)$ 有界,即以

$$|y(a)| < +\infty$$

作为 a 端的边界条件,这种边界条件称为**自然边界条件**. 解的有界性要求不一定明确写出,因此,在解本征值问题时,是否加自然边界条件,就完全由方程(1.5.4)中的系数 $k(x)$ 在端点的值是否为零决定. 如果 $k(a)=0$,且 $k(b)=0$,则在两端点 a,b 均要附加自然边界条件.

施图姆-刘维尔定理:在上述 $k(x)$, $q(x)$, $\rho(x)$ 和边界条件下,施图姆-刘维尔型方程

$$\frac{\mathrm{d}}{\mathrm{d}x}\Big[k(x)\frac{\mathrm{d}y}{\mathrm{d}x}\Big] - q(x)y + \lambda\rho(x)y = 0 \quad (a < x < b)$$

本征值问题的解具有如下性质:

(1)**可数性**:存在可数无穷多个本征值 $\lambda_1 < \lambda_2 < \cdots < \lambda_n < \cdots$ 且当 $n \to \infty$ 时, $\lambda_n \to +\infty$. 与每一个本征值相应的线性无关的本征函数有且只有一个.

(2)**非负性**: $\lambda_n \geqslant 0$. 有零本征值 ($\lambda=0$) 的充要条件是 $q(x) \equiv 0$,且当取齐次边界条件时,在相应端点有 $\beta_i = 0$ $(i = 1, 2)$,这时相应的本征函数为常数.

(3)**正交性**:设 $\lambda_m \neq \lambda_n$ 是任意两个不同的本征值,则相应的本征函数 $y_m(x)$ 和 $y_n(x)$ 在 $[a,b]$ 上带权 $\rho(x)$ 正交,即有

$$\int_a^b \rho(x) y_m(x) y_n(x) \mathrm{d}x = 0. \tag{1.5.9}$$

(4)**完备性**:本征函数系 $\{y_n(x)\}$ 是完备的. 对任意一个有一阶连续导数及分段二阶连续导数的函数 $f(x)$,只要它满足本征值问题的边界条件,就可将其按本征函数系 $\{y_n(x)\}$ 展开成绝对且一致收敛的广义傅里叶级数:

$$f(x) = \sum_{n=1}^{\infty} f_n y_n(x). \tag{1.5.10}$$

上式两边同乘以 $\rho(x) y_k(x)$ (k 任意固定),并在 $[a,b]$ 上积分,再经逐项积分且利用式(1.5.9),可得系数公式为

$$f_k = \frac{1}{\|y_k(x)\|^2} \int_a^b \rho(x) f(x) y_k(x) \mathrm{d}x \quad (k = 1, 2, \cdots), \tag{1.5.11}$$

这里 $\|y_k(x)\|^2 = \int_a^b \rho(x) y_k^2(x) \mathrm{d}x$ 是函数 $y_k(x)$ 的模的平方. 条件放宽为

分段连续的平方可积的函数 $f(x)$ 时,式(1.5.10)在平均收敛的意义上成立,即在间断点收敛为左、右极限的平均值.

此外,当 $k(a)=k(b)$,$q(a)=q(b)$,$\rho(a)=\rho(b)$ 时,还可以得到 $y(x)$ 的周期性条件:

$$y(a)=y(b), \quad y'(a)=y'(b). \tag{1.5.12}$$

在这种情形下,一般有两个本征函数,除了结论的第一条外,其他论断仍然适用.

由于可数性及完备性的证明已超出本课程的范围,因此下面只给出非负性及正交性的证明.

非负性的证明:由于本征函数 $y(x)$ 与本征值 λ 满足方程

$$-[k(x)y']'+q(x)y=\lambda\rho(x)y,$$

两边同乘以 y 后,再从 a 到 b 积分可得

$$\begin{aligned}
\lambda\int_a^b\rho(x)y^2\mathrm{d}x &= -\int_a^b y[k(x)y']'\mathrm{d}x + \int_a^b q(x)y^2\mathrm{d}x \\
&= -k(x)yy'\Big|_a^b + \int_a^b k(x)(y')^2\mathrm{d}x + \int_a^b q(x)y^2\mathrm{d}x \\
&= k(a)y(a)y'(a) - k(b)y(b)y'(b) \\
&\quad + \int_a^b k(x)(y')^2\mathrm{d}x + \int_a^b q(x)y^2\mathrm{d}x. \tag{1.5.13}
\end{aligned}$$

因为 $k(x)\geqslant 0$,$q(x)\geqslant 0$,式(1.5.13)右端的最后两项显然是非负的. 现在分以下几种情况讨论前两项:

(1)在 a 端有齐次条件 $\alpha_1 y'(a)-\beta_1 y(a)=0$,由于 α_1,β_1 不全为0,不妨设 $\alpha_1\neq 0$,因此 $y'(a)=hy(a)$,$h=\beta_1/\alpha_1\geqslant 0$. 于是由 $k(a)>0$,有

$$k(a)y(a)y'(a)=hk(a)y^2(a)\geqslant 0.$$

(2)在 a 端加自然边界条件 $|y(a)|<+\infty$,这时应有 $k(a)=0$,故

$$k(a)y(a)y'(a)=0.$$

同理可证在上述两种情形下式(1.5.13)中的第二项 $-k(b)y(b)y'(b)\geqslant 0$.

(3)在端点加周期性边界条件 $y(a)=y(b)$,$y'(a)=y'(b)$,这时应有 $k(a)=k(b)$,因而

$$k(a)y(a)y'(a)-k(b)y(b)y'(b)=0,$$

这样就可证得式(1.5.13)右端是非负的. 故

$$\lambda\int_a^b\rho(x)y^2\mathrm{d}x\geqslant 0.$$

当 $x\in(a,b)$ 时,$\rho(x)>0$,因而 $\int_a^b\rho(x)y^2\mathrm{d}x>0$,所以 $\lambda\geqslant 0$.

下面证明非负性中关于零本征值的结论.

充分性:若 $q(x) \equiv 0$,则当 $\lambda = 0$ 时,$y(x) \equiv C$(非零常数)显然满足施图姆-刘维尔型方程. 又因为 $y(x) \equiv C$ 满足零本征值的边界条件,因而,$\lambda = 0$ 是施图姆-刘维尔型方程的本征值,$y(x) \equiv C$ 是相应的本征函数.

必要性:若 $\lambda = 0$ 是施图姆-刘维尔型方程的本征值,则式(1.5.13)的左端为零,由于前面已证得式(1.5.13)右端的每一项都是非负的,故该式的右端每项都应为零. 由第四项为零,得 $q(x) \equiv 0$;由第三项为零及在 (a,b) 上 $k(x) > 0$,可知 $y'(x) \equiv 0$,故相应的本征函数 $y(x) \equiv C$(非零常数),它显然不能满足 $y(a) = 0$ 或 $y(b) = 0$ 的边界条件. 又因为 α_i 和 β_i 都不为零时,$y(x) \equiv C$ 也不能满足

$$\alpha_1 y'(a) - \beta_1 y(a) = 0 \quad 或 \quad \alpha_2 y'(b) + \beta_2 y(b) = 0,$$

这就可证得当取齐次边界条件时,在相应端点有 $\beta_i = 0 \; (i = 1,2)$.

正交性的证明:由于本征函数 y_m 和 y_n 分别满足方程

$$[k(x)y_m']' - q(x)y_m + \lambda_m \rho(x)y_m = 0, \tag{1.5.14}$$

$$[k(x)y_n']' - q(x)y_n + \lambda_n \rho(x)y_n = 0, \tag{1.5.15}$$

在式(1.5.14)两边同乘以 y_n,在式(1.5.15)两边同乘以 y_m,再让两式相减,可得

$$y_n[k(x)y_m']' - y_m[k(x)y_n']' + (\lambda_m - \lambda_n)\rho(x)y_m y_n = 0.$$

从 a 到 b 积分,可得

$$0 = \int_a^b y_n[k(x)y_m']' \mathrm{d}x - \int_a^b y_m[k(x)y_n']' \mathrm{d}x + (\lambda_m - \lambda_n)\int_a^b \rho(x)y_m y_n \mathrm{d}x$$

$$= [k(x)y_n y_m' - k(x)y_m y_n'] \Big|_a^b - \int_a^b k(x)y_m' y_n' \mathrm{d}x$$

$$\quad + \int_a^b k(x)y_m' y_n' \mathrm{d}x + (\lambda_m - \lambda_n)\int_a^b \rho(x)y_m y_n \mathrm{d}x,$$

即

$$(\lambda_m - \lambda_n)\int_a^b \rho(x)y_m y_n \mathrm{d}x = k(a)[y_n(a)y_m'(a) - y_m(a)y_n'(a)]$$

$$\quad - k(b)[y_n(b)y_m'(b) - y_m(b)y_n'(b)].$$

$$\tag{1.5.16}$$

仿照非负性证明中的讨论,可以证得式(1.5.16)的右端为零,故

$$(\lambda_m - \lambda_n)\int_a^b \rho(x)y_m y_n \mathrm{d}x = 0.$$

但因为 $\lambda_m - \lambda_n \neq 0$，所以

$$\int_a^b \rho(x) y_m y_n \mathrm{d}x = 0.$$

施图姆-刘维尔定理给求解本征值问题带来了很大方便，下面举例来说明.

【例 1.1】 解本征值问题 $\begin{cases} y'' + \lambda y = 0, \\ y'(-l) = y'(l) = 0 \end{cases}$ $(-l < x < l).$

解 题中方程是令施图姆-刘维尔型方程中的 $k(x) \equiv 1, q(x) \equiv 0,$ $\rho(x) \equiv 1$ 而得. 这些函数满足施图姆-刘维尔定理的条件，且由题中的两端边界条件有 $\beta_i = 0 \, (i = 1,2)$. 故 $\lambda \geqslant 0$，而且有零本征值，即 $\lambda = 0$，相应的本征函数为 $y(x) \equiv 1$（常数因子不计）.

当 $\lambda > 0$ 时，设 $\lambda = \mu^2 (\mu > 0)$，则方程的通解为

$$y(x) = A\cos\mu x + B\sin\mu x.$$

将此通解代入边界条件，并消去公因子 μ，可得

$$\begin{cases} A\sin\mu l + B\cos\mu l = 0, \\ -A\sin\mu l + B\cos\mu l = 0. \end{cases} \tag{1.5.17}$$

为使 A, B 不全为零，系数行列式必须满足的条件为

$$\begin{vmatrix} \sin\mu l & \cos\mu l \\ -\sin\mu l & \cos\mu l \end{vmatrix} = \sin 2\mu l = 0,$$

故

$$\mu_n = \frac{n\pi}{2l}, \quad \lambda_n = \mu_n^2 = \left(\frac{n\pi}{2l}\right)^2 \quad (n = 1,2,\cdots).$$

把 μ_n 代入式 (1.5.17)，则有

$$A\sin\frac{n\pi}{2} + B\cos\frac{n\pi}{2} = 0,$$

这个方程的一个非零解是

$$A = \cos\frac{n\pi}{2}, \quad B = -\sin\frac{n\pi}{2}.$$

因 $\cos^2\frac{n\pi}{2} + \sin^2\frac{n\pi}{2} = 1$，故 A, B 不全为零. 因而与 λ_n 相应的本征函数是

$$y_n(x) = \cos\frac{n\pi}{2}\cos\frac{n\pi x}{2l} - \sin\frac{n\pi}{2}\sin\frac{n\pi x}{2l} = \cos\frac{n\pi(x+l)}{2l}.$$

【例 1.2】 解本征值问题 $\begin{cases} y'' + \lambda y = 0 \quad (0 < x < l), \\ y'(0) = 0, \quad y'(l) + hy(l) = 0. \end{cases}$

解 根据施图姆-刘维尔定理，本征值 $\lambda > 0$. 记 $\lambda = \mu^2$，把通解 $y(x) =$

$A\cos \mu x+B\sin \mu x$ 代入边界条件 $y'(0)=0$,可得 $B\mu =0$. 因 $\mu >0$,故 $B=0$. 再由 $y'(l)+hy(l)=0$,可得 $A(-\mu \sin \mu l+h\cos \mu l)=0$,因 A 不能再为零,于是

$$-\mu \sin \mu l+h\cos \mu l=0 \quad \text{或} \quad \tan \mu l=h/\mu.$$

这个超越方程有无限多个根,我们只考虑正根即可(因 $\tan(-\mu l)=-\tan \mu l$). 为了了解这些根的分布情况,我们在 (μ ,ν) 平面上考虑曲线

$$\nu =\tan \mu l \quad \text{和} \quad \nu =h/\mu,$$

它们交点的横坐标就是所要求的根.

若用 μ_n 表示第 n 个根,则第 n 个本征值为

$$\lambda_n =\mu_n^2 \quad (n=1,2,\cdots),$$

而相应的本征函数为

$$X_n =\cos \mu_n x.$$

为了方便以后使用,下面给出这个函数系的模的平方:

$$\begin{aligned}
\| \cos \mu_n x \|^2 &=\int_0^l \cos^2 \mu_n x\,\mathrm{d}x=\frac{1}{2}\int_0^l (1+\cos 2\mu_n x)\mathrm{d}x \\
&=\frac{1}{2}\left(l+\frac{1}{2\mu_n}\sin 2\mu_n l\right) \\
&=\frac{1}{2}\left(l+\frac{1}{2\mu_n}\frac{2\tan \mu_n l}{1+\tan^2 \mu_n l}\right) \\
&=\frac{1}{2}\left(l+\frac{h}{\mu_n^2+h^2}\right).
\end{aligned} \tag{1.5.18}$$

【例 1.3】 解本征值问题 $\begin{cases} x^2 y''+xy'+\lambda y=0 & (1\leqslant x\leqslant \mathrm{e}), \\ y(1)=y(\mathrm{e})=0. \end{cases}$

解 由于题中方程不是施图姆-刘维尔型的,利用前面的公式,先求出

$$\rho(x)=\frac{1}{x^2}\mathrm{e}^{\int \frac{1}{x}\mathrm{d}x}=\frac{1}{x},$$

再在题中方程两边同乘以 $\rho(x)$,即化成施图姆-刘维尔型方程

$$\frac{\mathrm{d}}{\mathrm{d}x}(xy')+\frac{\lambda}{x}y=0,$$

其中系数 $k(x)=x,q(x)=0,\rho(x)=1/x$ 在区间 $[1,\mathrm{e}]$ 上满足施图姆-刘维尔定理的条件,且有 $\lambda >0$. 记 $\lambda =\mu^2 (\mu >0)$,由于题中的方程为欧拉方程,作替换 $x=\mathrm{e}^t$ 或 $t=\ln x$,可将其化为

$$\frac{\mathrm{d}^2 y}{\mathrm{d}t^2}+\mu^2 y(t)=0,$$

因而
$$y(x) = A\cos \mu t + B\sin \mu t = A\cos(\mu \ln x) + B\sin(\mu \ln x).$$
由 $y(1)=0$，有 $A=0$；由 $y(e)=0$，有 $B\sin \mu = 0$．于是
$$\mu_n = n\pi, \quad \lambda_n = \mu_n^2 = n^2\pi^2 \quad (n=1,2,\cdots),$$
相应的本征函数为
$$y_n = \sin(n\pi \ln x).$$

§1.6 广义幂级数方法

1.6.1 常点与幂级数解法

一般的二阶齐次线性微分方程
$$y'' + P(x)y' + Q(x)y = 0 \tag{1.6.1}$$
在 $P(x)$ 与 $Q(x)$ 是常数以及其他少数情况下可用我们熟知的初等函数解出．在大多数情况下，该方程只能用幂级数求解．

关于方程(1.6.1)，核心事实是：它的解在点 x_0 附近的性态依赖于作为系数的函数 $P(x)$ 和 $Q(x)$ 在该点附近的性态．当前只限于讨论 $P(x)$ 和 $Q(x)$ "性态很好"的情况，即它们在点 x_0 处是解析的，也就是说，每个函数在该点的某个邻域内均具有幂级数展开式．这时 x_0 叫作方程(1.6.1)的**常点**，且方程的每个解在该点处也是解析的．换言之，若方程(1.6.1)的系数在某点处是解析的，则它的解在该处也是解析的．凡不是方程(1.6.1)的常点的点，叫作该方程的**奇点**．同时，解在奇点往往也有奇异性．

下面首先考察几个例子来说明前面的命题．就大家熟知的方程
$$y'' + y = 0 \tag{1.6.2}$$
而言，作为系数的函数是 $P(x)=0$ 及 $Q(x)=1$．这两个函数是处处解析的，故可求出该方程形式为
$$y = a_0 + a_1 x + a_2 x^2 + \cdots + a_n x^n + \cdots \tag{1.6.3}$$
的一个解．将式(1.6.3)微分后可得
$$y' = a_1 + 2a_2 x + 3a_3 x^2 + \cdots + (n+1)a_{n+1} x^n + \cdots \tag{1.6.4}$$
$$y'' = 2a_2 + 2\cdot 3a_3 x + 3\cdot 4a_4 x^2 + \cdots + (n+1)(n+2)a_{n+2} x^n + \cdots \tag{1.6.5}$$
将式(1.6.5)和式(1.6.3)代入式(1.6.2)，可得

$$(2a_2 + a_0) + (2 \cdot 3a_3 + a_1)x + (3 \cdot 4a_4 + a_2)x^2 + (4 \cdot 5a_5 + a_3)x^3$$
$$+ \cdots + [(n+1)(n+2)a_{n+2} + a_n]x^n + \cdots = 0.$$

再使 x 的各幂次系数均等于零,可得

$$2a_2 + a_0 = 0, \quad 2 \cdot 3a_3 + a_1 = 0, \quad 3 \cdot 4a_4 + a_2 = 0,$$
$$4 \cdot 5a_5 + a_3 = 0, \quad \cdots, \quad (n+1)(n+2)a_{n+2} + a_n = 0.$$

通过这些方程,便可以用 a_0 或 a_1 来表示 a_n:

$$a_2 = -\frac{a_0}{2}, \quad a_3 = -\frac{a_1}{2 \cdot 3}, \quad a_4 = -\frac{a_2}{3 \cdot 4} = \frac{a_0}{2 \cdot 3 \cdot 4},$$
$$a_5 = -\frac{a_3}{4 \cdot 5} = \frac{a_1}{2 \cdot 3 \cdot 4 \cdot 5}, \quad \cdots$$

于是式(1.6.3)变为

$$y = a_0 + a_1 x - \frac{a_0}{2}x^2 - \frac{a_1}{2 \cdot 3}x^3 + \frac{a_0}{2 \cdot 3 \cdot 4}x^4 + \frac{a_1}{2 \cdot 3 \cdot 4 \cdot 5}x^5 - \cdots$$
$$= a_0 \left(1 - \frac{x^2}{2!} + \frac{x^4}{4!} - \cdots\right) + a_1 \left(x - \frac{x^3}{3!} + \frac{x^5}{5!} - \cdots\right). \tag{1.6.6}$$

把式(1.6.6)右端括号里的两个级数分别记为 $y_1(x)$ 和 $y_2(x)$,易知它们就是 $\cos x$ 和 $\sin x$ 的展开式,故式(1.6.6)可写成

$$y = a_0 \cos x + a_1 \sin x.$$

虽然一开始就知道这个结论,但同时我们也应该清楚,用这种方法求出的大多数级数解往往不是已知的初等函数的展开式,而是代表了前所未知的函数. 作为说明这种情况的例子,我们用同一种方法来解勒让德方程

$$(1 - x^2)y'' - 2xy' + p(p+1)y = 0, \tag{1.6.7}$$

其中 p 是一个常数. 作为系数的函数

$$P(x) = \frac{-2x}{1 - x^2}, \quad Q(x) = \frac{p(p+1)}{1 - x^2} \tag{1.6.8}$$

在原点处显然是解析的,所以原点是个常点. 我们可以预测解的形式是 $y = \sum a_n x^n$. 由于 $y' = \sum (n+1)a_{n+1}x^n$,则方程(1.6.7)左边各项的展开式如下:

$$y'' = \sum (n+1)(n+2)a_{n+2}x^n, \quad -x^2 y'' = \sum -(n-1)na_n x^n,$$
$$-2xy' = \sum -2na_n x^n, \quad p(p+1)y = \sum p(p+1)a_n x^n.$$

由方程(1.6.7),这些级数之和必须是零,故 x^n 的系数对一切 n 必定是 0,即

$$(n+1)(n+2)a_{n+2} - (n-1)na_n - 2na_n + p(p+1)a_n = 0.$$

稍加整理,则上式可变为

$$a_{n+2} = -\frac{(p-n)(p+n+1)}{(n+1)(n+2)}a_n. \tag{1.6.9}$$

用这个递推公式,我们可以将 a_n 表示为 a_0 或 a_1 的式子:

$$a_2 = -\frac{p(p+1)}{1\cdot2}a_0, \quad a_3 = -\frac{(p-1)(p+2)}{2\cdot3}a_1,$$

$$a_4 = -\frac{(p-2)(p+3)}{3\cdot4}a_2 = \frac{p(p-2)(p+1)(p+3)}{4!}a_0,$$

$$a_5 = -\frac{(p-3)(p+4)}{4\cdot5}a_3 = \frac{(p-1)(p-3)(p+2)(p+4)}{5!}a_1,$$

$$a_6 = -\frac{(p-4)(p+5)}{5\cdot6}a_4 = -\frac{p(p-2)(p-4)(p+1)(p+3)(p+5)}{6!}a_0,$$

$$a_7 = -\frac{(p-5)(p+6)}{6\cdot7}a_5 = -\frac{(p-1)(p-3)(p-5)(p+2)(p+4)(p+6)}{7!}a_1,$$

把这些系数代入 $y = \sum a_n x^n$,可得

$$y = a_0\left[1 - \frac{p(p+1)}{2!}x^2 + \frac{p(p-2)(p+1)(p+3)}{4!}x^4\right.$$
$$\left. - \frac{p(p-2)(p-4)(p+1)(p+3)(p+5)}{6!}x^6 + \cdots\right]$$
$$+ a_1\left[x - \frac{(p-1)(p+2)}{3!}x^3 + \frac{(p-1)(p-3)(p+2)(p+4)}{5!}x^5\right.$$
$$\left. - \frac{(p-1)(p-3)(p-5)(p+2)(p+4)(p+6)}{7!}x^7 + \cdots\right]. \tag{1.6.10}$$

此解可作为式(1.6.7)的形式解.

当 p 不是整数时,方括号里两个级数的收敛半径都是 1. 这一点利用递推公式(1.6.9)最容易看出来. 对第一个级数来说

$$\left|\frac{a_{2n+2}x^{2n+2}}{a_{2n}x^{2n}}\right| = \left|-\frac{(p-2n)(p+2n+1)}{(2n+1)(2n+2)}\right||x|^2 \to |x|^2 \quad (n\to\infty).$$

第二个级数的情况与之相似. 每个级数均具有正的收敛半径这一事实,说明所作运算合理,从而说明不管选择什么样的常数 a_0 和 a_1,式(1.6.10)都是式(1.6.7)的一个真正的解. 由于方括号中的每个级数都是一个特解,且这两个级数所定义的函数是线性无关的,所以式(1.6.10)是式(1.6.7)在区间 $|x|<1$ 上的通解.

式(1.6.10)所定义的函数叫作**勒让德函数**,一般来说它不是初等函数. 但若 p 是非负整数,则方括号中有一个是有末项的,因而它是多项式,而另一个

仍是无穷级数.由这个事实可知,式(1.6.7)有特解,即 1.3.2 节提到的勒让德多项式,其性质和应用我们将在以后讨论.在此我们不加证明地给出下面的一般定理,这是上述幂级数解法的基础.

定理:设 x_0 是微分方程

$$y'' + P(x)y' + Q(x)y = 0$$

的一个常点,且设 a_0 和 a_1 是任意常数,则存在唯一的函数 $y(x)$,它在点 x_0 处解析,是该方程在该点某邻域的一个解,并满足初值条件 $y(x_0) = a_0$ 和 $y'(x_0) = a_1$.又若 $P(x)$ 和 $Q(x)$ 的幂级数展开式在区间 $|x - x_0| < R(R > 0)$ 上成立,则这个解的展开式也在该区间上成立.

1.6.2 正则奇点与广义幂级数解法

如前所述,如果微分方程(1.6.1)的系数函数 $P(x)$,$Q(x)$ 之一在点 x_0 处不解析,则 x_0 称为微分方程的**奇点**.在这种情形下,上述定理和方法就不再能使用,而若要研究方程(1.6.1)在点 x_0 附近的解,就需要有新的概念.这在实践中相当重要,因为物理问题所引出的许多微分方程都有奇点,而适应这种情况的解常取决于它们在这些点附近的性质,往往是这些点需要特别注意.例如,原点显然是微分方程

$$x^2 y'' + 2xy' - 2y = 0$$

的一个奇点.容易验证,$y_1 = x$,$y_2 = x^{-2}$ 是方程在区间 $(-\infty, +\infty)$ 上的线性无关的解,故 $y = c_1 x + c_2 x^{-2}$ 是方程的通解.如果我们所需要的碰巧只是在原点附近有界的解,则由通解可知,只要取 $c_2 = 0$ 就可得出这些解.

一般情况下,在靠近奇点 x_0 处,关于方程(1.6.1)的解是没有什么内容可讲的.不过在大多数应用问题中,奇点幸好都是颇为"弱"的,即作为系数的函数只是稍微有些非解析性,因而把以前的方法稍加修改就能给出令人满意的解.这类奇点叫作**正则奇点**,其定义如下:如果 $(x - x_0)P(x)$ 和 $(x - x_0)^2 Q(x)$ 是解析的,则方程(1.6.1)的奇点 x_0 是正则的;否则,x_0 就是非正则的.粗略说来,所谓正则奇异,是指 $P(x)$ 的奇异性不能比 $1/(x - x_0)$ 还坏,而 $Q(x)$ 的奇异性不能比 $1/(x - x_0)^2$ 还坏.

例如,将勒让德方程(1.6.7)写成如下形式:

$$y'' - \frac{2x}{1-x^2}y' + \frac{p(p+1)}{1-x^2}y = 0,$$

易知 $x = 1$,$x = -1$ 是奇点.奇点 $x = 1$ 是正则的,因为

$$(x-1)P(x) = \frac{2x}{x+1}, \quad (x-1)^2 Q(x) = -\frac{(x-1)p(p+1)}{x+1}$$

在 $x=1$ 处是解析的. 同理, $x=-1$ 也是正则的. 另一个例子是 p 阶贝塞尔方程(p 为非负常数):

$$x^2 y'' + x y' + (x^2 - p^2) y = 0. \qquad (1.6.11)$$

若把此方程写为

$$y'' + \frac{1}{x} y' + \frac{x^2 - p^2}{x^2} y = 0,$$

易见, 原点是正则奇点, 因为

$$x P(x) = 1, \quad x^2 Q(x) = x^2 - p^2$$

在 $x=0$ 处是解析的.

对于微分方程

$$y'' + P(x) y' + Q(x) y = 0$$

有正则奇点的情形, 为方便起见, 我们取其正则奇点为 $x_0 = 0$. 这样我们就能使用 x 的幂级数而不必用 $x-x_0$ 的幂级数, 且不失一般性. 我们可以把该微分方程的解设为如下"准幂级数"的形式:

$$\begin{aligned} y &= x^\rho (a_0 + a_1 x + a_2 x^2 + \cdots) \\ &= a_0 x^\rho + a_1 x^{\rho+1} + a_2 x^{\rho+2} + \cdots \end{aligned} \qquad (1.6.12)$$

其中 $a_0 \neq 0$, 而 ρ 是待定的常数. 这里 ρ 可以是负整数、分数乃至无理数. 形如式(1.6.12)的级数叫作**弗罗贝尼乌斯(Frobenius)级数**或**广义幂级数**, 而下述求出这类解的方法叫作**弗罗贝尼乌斯方法**或**广义幂级数方法**.

假设 $x P(x)$ 和 $x^2 Q(x)$ 必须在原点处解析, 从而它们有如下幂级数展开式(对于 $|x| < R, R > 0$ 成立):

$$x P(x) = \sum_{n=0}^{\infty} p_n x^n, \quad x^2 Q(x) = \sum_{n=0}^{\infty} q_n x^n. \qquad (1.6.13)$$

我们必须求出式(1.6.12)中 ρ 可能取的那些值, 然后对于每个可以接受的 ρ 值来计算相应的系数 $a_0, a_1, a_2, \cdots$ 若把式(1.6.12)写为

$$y(x) = x^\rho \sum_{n=0}^{\infty} a_n x^n = \sum_{n=0}^{\infty} a_n x^{\rho+n}, \qquad (1.6.14)$$

则对式(1.6.14)微分后可得

$$\begin{cases} y' = \sum\limits_{n=0}^{\infty} a_n (\rho + n) x^{\rho+n-1}, \\ y'' = \sum\limits_{n=0}^{\infty} a_n (\rho + n)(\rho + n - 1) x^{\rho+n-2} \\ \quad = x^{\rho-2} \sum\limits_{n=0}^{\infty} a_n (\rho + n)(\rho + n - 1) x^n. \end{cases} \qquad (1.6.15)$$

于是方程(1.6.1)中的 $P(x)y', Q(x)y$ 可分别写为

$$P(x)y' = \frac{1}{x}\left(\sum_{n=0}^{\infty}p_n x^n\right)\left[\sum_{n=0}^{\infty}a_n(\rho+n)x^{\rho+n-1}\right]$$

$$= x^{\rho-2}\left(\sum_{n=0}^{\infty}p_n x^n\right)\left[\sum_{n=0}^{\infty}a_n(\rho+n)x^n\right]$$

$$= x^{\rho-2}\sum_{n=0}^{\infty}\left[\sum_{k=0}^{n}p_{n-k}a_k(\rho+k)\right]x^n$$

$$= x^{\rho-2}\sum_{n=0}^{\infty}\left[\sum_{k=0}^{n-1}p_{n-k}a_k(\rho+k)+p_0 a_n(\rho+n)\right]x^n,$$

$$Q(x)y = \frac{1}{x^2}\left(\sum_{n=0}^{\infty}q_n x^n\right)\left(\sum_{n=0}^{\infty}a_n x^{\rho+n}\right)$$

$$= x^{\rho-2}\left(\sum_{n=0}^{\infty}q_n x^n\right)\left(\sum_{n=0}^{\infty}a_n x^n\right)$$

$$= x^{\rho-2}\sum_{n=0}^{\infty}\left(\sum_{k=0}^{n}q_{n-k}a_k\right)x^n$$

$$= x^{\rho-2}\sum_{n=0}^{\infty}\left(\sum_{k=0}^{n-1}q_{n-k}a_k+q_0 a_n\right)x^n.$$

把 $y'', P(x)y'$ 和 $Q(x)y$ 的表示式代入方程(1.6.1)并去掉公因子 $x^{\rho-2}$，则方程(1.6.1)变为

$$\sum_{n=0}^{\infty}\{a_n[(\rho+n)(\rho+n-1)+(\rho+n)p_0+q_0]$$

$$+\sum_{k=0}^{n-1}a_k[(\rho+k)p_{n-k}+q_{n-k}]\}x^n=0.$$

令 x^n 的系数等于0，可得到 a_n 的递推公式为

$$a_n[(\rho+n)(\rho+n-1)+(\rho+n)p_0+q_0]$$

$$+\sum_{k=0}^{n-1}a_k[(\rho+k)p_{n-k}+q_{n-k}]=0, \tag{1.6.16}$$

则

$$a_0[\rho(\rho-1)+\rho p_0+q_0]=0,$$

$$a_1[(\rho+1)\rho+(\rho+1)p_0+q_0]+a_0(\rho p_1+q_1)=0,$$

$$a_2[(\rho+2)(\rho+1)+(\rho+2)p_0+q_0]+a_0(\rho p_2+q_2)+a_1[(\rho+1)p_1+q_1]=0,$$

$$\cdots$$

$$a_n[(\rho+n)(\rho+n-1)+(\rho+n)p_0+q_0]+a_0(\rho p_n+q_n)+\cdots$$

$$+ a_{n-1}[(\rho + n - 1)p_1 + q_1] = 0,$$

$$\cdots$$

若设 $f(\rho) = \rho(\rho - 1) + \rho p_0 + q_0$,则上面这些方程变为

$$a_0 f(\rho) = 0,$$

$$a_1 f(\rho + 1) + a_0(\rho p_1 + q_1) = 0,$$

$$a_2 f(\rho + 2) + a_0(\rho p_2 + q_2) + a_1[(\rho + 1)p_1 + q_1] = 0,$$

$$\cdots$$

$$a_n f(\rho + n) + a_0(\rho p_n + q_n) + \cdots + a_{n-1}[(\rho + n - 1)p_1 + q_1] = 0,$$

$$\cdots$$

因 $a_0 \neq 0$,故由第一式可得 $f(\rho) = 0$,也就是

$$\rho(\rho - 1) + \rho p_0 + q_0 = 0. \tag{1.6.17}$$

方程(1.6.17)称为**指数方程**,它的根 ρ_1 和 ρ_2 叫作方程(1.6.1)在正则奇点 $x = 0$ 处的**指数**. 根据式(1.6.16),a_1 可用 a_0 来表示,a_2 可用 a_0 和 a_1 来表示……以此类推,对于每一个 ρ,都可将 a_n 用 a_0 来表示,除非对于某个正整数 N,有 $f(\rho + N) = 0$,在这种情形下,计算步骤就中断. 例如,若 $\rho_1 - \rho_2 = N$(对某个整数 $N \geqslant 1$),则选取 $\rho = \rho_1$ 可以给出一个形式解,但一般来说选取 $\rho = \rho_2$ 则不然,因为 $f(\rho_2 + N) = f(\rho_1) = 0$. 若 $\rho_1 = \rho_2$,我们也只能得出一个形式解. 在 ρ_1 和 ρ_2 为实数的其他情形下,这一步骤能给出两个线性独立的形式解. 当然,ρ_1 和 ρ_2 也可能是共轭复数,但我们不讨论这一情况. 由上述方法可引出如下定理:

定理:设 $x = 0$ 是方程(1.6.1)的正则奇点,且 $xP(x)$ 和 $x^2 Q(x)$ 的幂级数展开式(1.6.13)在区间 $|x| < R, R > 0$ 上成立. 设指数方程(1.6.17)具有实根 ρ_1 和 $\rho_2(\rho_1 \geqslant \rho_2)$,则方程(1.6.1)在区间 $0 < x < R$ 上至少有一个解

$$y_1 = x^{\rho_1} \sum_{n=0}^{\infty} a_n x^n \quad (a_0 \neq 0), \tag{1.6.18}$$

其中 a_n 可通过公式(1.6.16)用 a_0 来表示同时把公式中的 ρ 换成 ρ_1,且级数 $\sum a_n x^n$ 对于 $|x| < R$ 收敛. 又若 $\rho_1 - \rho_2$ 不等于 0 或正整数,则方程(1.6.1)在同一区间上有第二个线性无关的解

$$y_2 = x^{\rho_2} \sum_{n=0}^{\infty} a_n x^n \quad (a_0 \neq 0). \tag{1.6.19}$$

这里 a_n 通过公式(1.6.16)用 a_0 来表示同时把公式中的 ρ 换成 ρ_2,且级数 $\sum a_n x^n$ 对 $|x| < R$ 收敛. 若方程(1.6.1)不存在形如式(1.6.19)的第二个解,

则第二个解的形式为

$$y_2 = y_1 \ln x + x^{\rho_2} \sum_{n=0}^{\infty} c_n x^n, \tag{1.6.20}$$

其中 c_n 是未知常数,可通过直接将式(1.6.20)代入微分方程后加以确定.

1.6.3 弗罗贝尼乌斯方法

对于 $\rho_1 - \rho_2$ 等于0或正整数的情形,关于第二个解的形式和求解,我们分三种情况进行讨论.

情况 A 若 $\rho_1 = \rho_2$,则不可能有第二个弗氏级数解.

若将 $\rho = \rho_2$ 代入式(1.6.16)并将其写为

$$a_n f(\rho_2 + n) = -a_0(\rho_2 p_n + q_n) - \cdots$$
$$- a_{n-1}[(\rho_2 + n - 1)p_1 + q_1], \tag{1.6.21}$$

则 $\rho_1 - \rho_2$ 为正整数的其他两种情况就比较容易理解了. 对于计算 a_n 的主要困难"对某个正整数 N,有 $f(\rho_2 + N) = 0$",下面分两种情况处理.

情况 B 若 $f(\rho_2 + N) = 0$ 时式(1.6.21)的右边不等于0,那就不可能再有什么方法来继续计算方程的系数,因而也就不可能存在第二个弗氏级数解.

情况 C 若 $f(\rho_2 + N) = 0$ 时式(1.6.21)的右边碰巧也等于0,那么 a_N 就没有什么限制而可被指定为任何值. 特别地,若令 $a_N = 0$,在继续计算方程的系数时也没有任何困难. 因此,在这种情况下确实存在第二个弗氏级数解.

当 $\rho_1 - \rho_2$ 等于0或正整数时,通过下面的计算我们可以发现第二个级数的形式. 我们先定义一个正数 k,并令 $k = \rho_1 - \rho_2 + 1$,则指数方程(1.6.17)可写为

$$(\rho - \rho_1)(\rho - \rho_2) = \rho^2 - (\rho_1 + \rho_2)\rho + \rho_1\rho_2 = 0.$$

故若使 ρ 的系数相等,便可得出 $p_0 - 1 = -(\rho_1 + \rho_2)$ 或 $\rho_2 = 1 - p_0 - \rho_1$,于是有

$$k = 2\rho_1 + p_0.$$

采用常数变易法,可由已知解 $y_1 = x^{\rho_1}(a_0 + a_1 x + a_2 x^2 + \cdots)$ 求出第二个解 y_2,把 y_2 写为 $y_2 = vy_1$,其中

$$v' = \frac{1}{y_1^2} e^{-\int P(x)dx} = \frac{1}{x^{2\rho_1}(a_0 + a_1 x + \cdots)^2} e^{-\int \left(\frac{p_0}{x} + p_1 + \cdots\right)dx}$$

$$= \frac{1}{x^{2\rho_1}(a_0 + a_1 x + \cdots)^2} e^{(-p_0 \ln x - p_1 x - \cdots)}$$

$$= \frac{1}{x^k(a_0 + a_1 x + \cdots)^2} e^{(-p_1 x - \cdots)} = \frac{1}{x^k} g(x).$$

上式最后一个等式中所定义的函数 $g(x)$ 显然在 $x=0$ 处解析且有 $g(0)=1/a_0^2$，故在原点周围的某区间上有

$$g(x)=b_0+b_1x+b_2x^2+\cdots \quad (b_0\neq 0), \tag{1.6.22}$$

由此可得

$$v'=b_0x^{-k}+b_1x^{-k+1}+\cdots+b_{k-1}x^{-1}+b_k+\cdots$$

从而有

$$v=\frac{b_0x^{-k+1}}{-k+1}+\frac{b_1x^{-k+2}}{-k+2}+\cdots+b_{k-1}\ln x+b_kx+\cdots$$

于是

$$y_2=y_1v=y_1\left(\frac{b_0x^{-k+1}}{-k+1}+\frac{b_1x^{-k+2}}{-k+2}+\cdots+b_{k-1}\ln x+b_kx+\cdots\right)$$

$$=b_{k-1}y_1\ln x+x^{\rho_1}(a_0+a_1x+\cdots)\left(\frac{b_0x^{-k+1}}{-k+1}+\cdots\right).$$

若将最后一个括号中的因子 x^{-k+1} 提出来，并利用关系 $\rho_1-k+1=\rho_2$ 把两个幂级数相乘，则可得第二个级数为

$$y_2=b_{k-1}y_1\ln x+x^{\rho_2}\sum_{n=0}^{\infty}c_nx^n. \tag{1.6.23}$$

式(1.6.23)表明：若指数 $\rho_1=\rho_2$，即情况 A，则 $k=1$，从而 $b_{k-1}=b_0\neq 0$，在这种情况下，第二个解(1.6.23)中肯定会含有 $\ln x$ 项；若 $\rho_1-\rho_2=k-1$ 是正整数，则当 $b_{k-1}\neq 0$ 时第二个解中含有 $\ln x$ 项(情况 B)，而当 $b_{k-1}=0$ 时不含 $\ln x$ 项(情况 C)．因此，对于情况 A 和 B，第二个解可表示为式(1.6.20)．

寻求形如式(1.6.20)的解时，除了可采用代入微分方程去确定系数的方法外，还可采用如下的弗罗贝尼乌斯方法．设指数方程(1.6.17)的两个根分别为 ρ_1 和 ρ_2，并且 $\rho_1\geqslant\rho_2$，由指数方程

$$f(\rho)=(\rho-\rho_1)(\rho-\rho_2)=0,$$

定义一个关于 ρ 的函数 $F(\rho)$：

$$F(\rho)=(\rho-\rho_1)(\rho-\rho_2)=\rho(\rho-1)+\rho p_0+q_0. \tag{1.6.24}$$

在上述条件下考察非齐次方程

$$y''+P(x)y'+Q(x)y=a_0x^{\rho-2}F(\rho), \tag{1.6.25}$$

易知方程(1.6.25)对每一个 ρ 都有解，并且右端的非齐次项正是将广义幂级数解(1.6.14)代入齐次方程(1.6.1)时的最低次幂项．只不过之前为了满足齐次方程(1.6.1)，我们要求 a_0 的系数等于 0，从而确定了 ρ 的取值，而现在是对于任意的 ρ 值进行讨论．设解的形式为

$$y(x,\rho)=x^{\rho}\sum_{n=0}^{\infty}\tilde{a}_n x^n=\sum_{n=0}^{\infty}\tilde{a}_n x^{\rho+n}, \tag{1.6.26}$$

重复式(1.6.14)至式(1.6.17)的计算过程,可得到如下递推关系:

$$\tilde{a}_n F(\rho+n)=-\sum_{k=0}^{n-1}\tilde{a}_k\left[(\rho+k)p_{n-k}+q_{n-k}\right] \quad (n\geqslant 1). \tag{1.6.27}$$

当 $F(\rho+n)\neq 0$ 时,系数 $\tilde{a}_n$ 作为 ρ 的函数可表示为

$$\tilde{a}_n(\rho)=-\frac{1}{F(\rho+n)}\sum_{k=0}^{n-1}\tilde{a}_k\left[(\rho+k)p_{n-k}+q_{n-k}\right] \quad (n\geqslant 1), \tag{1.6.28}$$

这样就得到了方程(1.6.25)的一个解 $y_1(x,\rho)$. $y_1(x,\rho)$ 作为 x 和 ρ 的二元函数,对 x 和 ρ 都是连续可微的,并且当 $\rho=\rho_1$ 时,$y_1(x,\rho_1)=y_1(x)$ 就是方程(1.6.1)的第一个解(1.6.18),即

$$\left.\frac{\partial^2 y(x,\rho)}{\partial x^2}\right|_{\rho=\rho_1}+P(x)\left.\frac{\partial y(x,\rho)}{\partial x}\right|_{\rho=\rho_1}+Q(x)\,y(x,\rho)|_{\rho=\rho_1}=0. \tag{1.6.29}$$

由于我们关心的是如何求得方程(1.6.1)在情况 A 和 B 下的第二个解,因此下面我们将分别对这两种情况进行讨论. 对于重根的情况 A,即 $\rho_1=\rho_2$,这时 $F(\rho)=(\rho-\rho_1)^2$,式(1.6.25)成为

$$y''+P(x)y'+Q(x)y=a_0 x^{\rho-2}(\rho-\rho_1)^2. \tag{1.6.30}$$

将式(1.6.30)两边对 ρ 求偏导并交换求导次序,可得

$$\left[\frac{\partial^2}{\partial x^2}+P(x)\frac{\partial}{\partial x}+Q(x)\right]\frac{\partial y(x,\rho)}{\partial \rho}=a_0 x^{\rho-2}(\rho-\rho_1)\left[(\rho-\rho_1)\ln x+2\right]. \tag{1.6.31}$$

因此

$$\left[\frac{\partial^2}{\partial x^2}+P(x)\frac{\partial}{\partial x}+Q(x)\right]\left.\frac{\partial y(x,\rho)}{\partial \rho}\right|_{\rho=\rho_1}=0. \tag{1.6.32}$$

这样就得到了方程(1.6.1)在情况 A 下的第二个解为

$$\begin{aligned}
y_2(x)&=\left.\frac{\partial y(x,\rho)}{\partial \rho}\right|_{\rho=\rho_1}=\left.\frac{\partial}{\partial \rho}\left(x^{\rho}\sum_{n=0}^{\infty}\tilde{a}_n x^n\right)\right|_{\rho=\rho_1}\\
&=x^{\rho_1}\ln x\sum_{n=0}^{\infty}a_n(\rho_1)x^n+x^{\rho_1}\sum_{n=0}^{\infty}a_n'(\rho_1)x^n\\
&=y_1\ln x+x^{\rho_1}\sum_{n=0}^{\infty}a_n'(\rho_1)x^n\\
&=y_1\ln x+x^{\rho_1}\sum_{n=0}^{\infty}c_n x^n, \tag{1.6.33}
\end{aligned}$$

其中 $a'_n(\rho_1)$ 为 $\tilde{a}_n(\rho)$ 对 ρ 的导数在 ρ_1 的值.

对于情况 B,即 $\rho_1 - \rho_2 = N$,且式(1.6.21)的右边不等于 0,求解过程要稍微复杂一点. 由于这时

$$F(\rho) = (\rho - \rho_1)(\rho - \rho_2) = (\rho - \rho_1)(\rho + N - \rho_1),$$

则用式(1.6.28)表示的 $\tilde{a}_N(\rho)$ 项为

$$\tilde{a}_N(\rho) = -\frac{1}{F(\rho + N)} \sum_{k=0}^{N-1} \tilde{a}_k [(\rho + k) p_{N-k} + q_{N-k}]. \qquad (1.6.34)$$

该式的右端在 $\rho = \rho_2 = \rho_1 - N$ 时奇异,使得上述方法失效. 不过,我们只要稍加修改即可求解. 在式(1.6.25)至式(1.6.28)的两端同乘以 $(\rho - \rho_2)$,分别得到

$$(\rho - \rho_2)[y'' + P(x)y' + Q(x)y] = a_0 x^{\rho-2} (\rho - \rho_1) (\rho - \rho_2)^2, \qquad (1.6.35)$$

$$(\rho - \rho_2) y(x, \rho) = (\rho - \rho_2) x^{\rho} \sum_{n=0}^{\infty} \tilde{a}_n x^n, \qquad (1.6.36)$$

$$(\rho - \rho_2) \tilde{a}_n F(\rho + n) = -(\rho - \rho_2) \sum_{k=0}^{n-1} \tilde{a}_k [(\rho + k) p_{n-k} + q_{n-k}] \quad (n \geqslant 1),$$
$$\qquad (1.6.37)$$

$$(\rho - \rho_2) \tilde{a}_n(\rho) = -\frac{\rho - \rho_2}{F(\rho + n)} \sum_{k=0}^{n-1} \tilde{a}_k [(\rho + k) p_{n-k} + q_{n-k}] \quad (n \geqslant 1),$$
$$\qquad (1.6.38)$$

由式(1.6.34),有

$$(\rho - \rho_2) \tilde{a}_N(\rho) = -\frac{1}{(\rho + N - \rho_2)} \sum_{k=0}^{N-1} \tilde{a}_k [(\rho + k) p_{N-k} + q_{N-k}], \qquad (1.6.39)$$

因此我们有

$$(\rho - \rho_2) \tilde{a}_N(\rho) \big|_{\rho=\rho_2} = -\frac{1}{N} \sum_{k=0}^{N-1} \tilde{a}_k [(\rho_2 + k) p_{N-k} + q_{N-k}]$$
$$= \tilde{\tilde{a}}_0. \qquad (1.6.40)$$

对于式(1.6.38)的前 $(N-1)$ 式,有

$$(\rho - \rho_2) \tilde{a}_i(\rho) \big|_{\rho=\rho_2} = 0 \quad (i = 1, 2, \cdots, N-1), \qquad (1.6.41)$$

而第 $(N+1)$ 式的结果为

$$(\rho - \rho_2) \tilde{a}_{N+1}(\rho) \big|_{\rho=\rho_2} = \frac{-\tilde{\tilde{a}}_0 (\rho_1 p_1 + q_1)}{N+1} = \frac{-\tilde{\tilde{a}}_0 (\rho_1 p_1 + q_1)}{F(\rho_1 + 1)} = \tilde{\tilde{a}}_1.$$
$$\qquad (1.6.42)$$

递推下去,我们可以得到

$$(\rho - \rho_2) \tilde{a}_{N+i}(\rho) \big|_{\rho=\rho_2} = \frac{-1}{F(\rho_1 + i)} \sum_{k=0}^{i-1} \tilde{\tilde{a}}_k [(\rho_1 + k) p_{i-k} + q_{i-k}]$$
$$= \tilde{\tilde{a}}_i \quad (i \geqslant 1). \qquad (1.6.43)$$

即 $\tilde{\tilde{a}}_i$ 满足 $\rho=\rho_1$ 时的递推关系(1.6.28)，并且因为 $\rho=\rho_1$ 是指数方程的根，这就证明了

$$y_1(x)=x^{\rho_1}\sum_{n=0}^{\infty}\tilde{\tilde{a}}_n x^n \qquad (1.6.44)$$

是齐次方程(1.6.1)的一个解.

为了得到方程(1.6.1)的第二个解，将式(1.6.35)的两端对 ρ 求偏导并交换求导次序，则当 $\rho=\rho_2$ 时，显然有

$$\frac{\partial}{\partial\rho}[a_0 x^{\rho-2}(\rho-\rho_1)(\rho-\rho_2)^2]|_{\rho=\rho_2}=0, \qquad (1.6.45)$$

因此

$$y_2(x)=\frac{\partial}{\partial\rho}[(\rho-\rho_2)y(x,\rho)]|_{\rho=\rho_2}$$

$$=\frac{\partial}{\partial\rho}[(\rho-\rho_2)x^{\rho}\sum_{n=0}^{\infty}\tilde{a}_n x^n]|_{\rho=\rho_2} \qquad (1.6.46)$$

是齐次方程(1.6.1)的形式解. 利用式(1.6.38)至式(1.6.44)的结果，直接计算式(1.6.46)可得

$$y_2=x^{\rho}\ln x\sum_{n=0}^{\infty}[(\rho-\rho_2)\tilde{a}_n x^n]|_{\rho=\rho_2}+x^{\rho}\sum_{n=0}^{\infty}\frac{\partial}{\partial\rho}[(\rho-\rho_2)\tilde{a}_n x^n]|_{\rho=\rho_2}$$

$$=x^{\rho_2}\ln x\sum_{i=0}^{\infty}\tilde{\tilde{a}}_i x^{i+N}+x^{\rho_2}\sum_{n=0}^{\infty}\frac{\partial}{\partial\rho}[(\rho-\rho_2)\tilde{a}_n]|_{\rho=\rho_2}x^n$$

$$=x^{\rho_1}\ln x\sum_{i=0}^{\infty}\tilde{\tilde{a}}_i x^i+x^{\rho_2}\sum_{n=0}^{\infty}\frac{\partial}{\partial\rho}[(\rho-\rho_2)\tilde{a}_n]|_{\rho=\rho_2}x^n$$

$$=y_1\ln x+x^{\rho_2}\sum_{n=0}^{\infty}c_n x^n. \qquad (1.6.47)$$

最后应当指出的是，通过以上方法得到的解是形式解，我们没有讨论收敛性、交换求导次序的合法性等问题. 严格的讨论可以参考其他著作. 这里我们往往默认所涉及的问题都"足够好"，因此得到的解是有意义的.

习题一

1.将下列函数展开成正弦级数和余弦级数($0\leqslant x\leqslant l$)：

(1) $f(x)=x$；

(2) $f(x)=x^2$；

(3) $f(x) = x \sin(x/l)$;

(4) $f(x) = \begin{cases} 2hx/l, & 0 \leqslant x \leqslant l/2, \\ 2h(l-x)/l, & l/2 \leqslant x \leqslant l. \end{cases}$

2.求方程 $y'' + \lambda y = 0 \ (0 < x < l)$ 在下列边界条件下的本征值和本征函数:

(1) $y'(0) = 0, y(l) = 0$;

(2) $y'(0) = 0, y'(l) + hy(l) = 0$;

(3) $y'(0) - ky(0) = 0, y'(l) + hy(l) = 0 \ (k, h > 0)$.

3.解下列本征值问题:

(1) $\begin{cases} y'' - 2ay' + \lambda y = 0 \ (0 < x < 1, a \text{ 为常数}), \\ y(0) = y(1) = 0. \end{cases}$

(2) $\begin{cases} (r^2 R')' + \lambda r^2 R = 0 \ (0 < r < a), \\ |R(0)| < +\infty, R(a) = 0. \end{cases}$

提示:令 $y = rR$.

4.求方程

$$x^2 y'' - 3xy' + (4x + 4)y = 0$$

的唯一弗罗贝尼乌斯级数解.

5.求方程

$$x^2 y'' + xy' + \left(x^2 - \frac{1}{4}\right)y = 0$$

的通解.

6.已知方程

$$4x^2 y'' - 8x^2 y' + (4x^2 + 1)y = 0.$$

(1)求方程的弗罗贝尼乌斯级数解;

(2)求方程的通解.

7.已知方程

$$x^2 y'' + xy' + x^2 y = 0.$$

(1)求方程的弗罗贝尼乌斯级数解 y_1,取 y_1 的首项系数 $a_0 = 1$;

(2)验算方程的第二个线性无关的解为

$$y_2 = y_1 \ln x + \sum_{n=1}^{\infty} \frac{(-1)^{n+1}}{2^{2n}(n!)^2}\left(1 + \frac{1}{2} + \cdots + \frac{1}{n}\right)x^{2n}.$$

第二章　　三类方程的导出与分离变量法

§2.1　偏微分方程的一些基本概念

2.1.1　符号约定

本书中使用了大量的微分符号,为方便起见,对各种符号进行如下约定.首先引入哈密顿算子,记为

$$\nabla = \frac{\partial}{\partial x}\boldsymbol{i} + \frac{\partial}{\partial y}\boldsymbol{j} + \frac{\partial}{\partial z}\boldsymbol{k},$$

其对标量函数的作用为梯度,即

$$\nabla \varphi(x,y,z) = \frac{\partial \varphi}{\partial x}\boldsymbol{i} + \frac{\partial \varphi}{\partial y}\boldsymbol{j} + \frac{\partial \varphi}{\partial z}\boldsymbol{k}.$$

向量场的散度可表示为

$$\nabla \cdot \boldsymbol{A}(x,y,z) = \frac{\partial A_x}{\partial x} + \frac{\partial A_y}{\partial y} + \frac{\partial A_z}{\partial z};$$

向量场的旋度可表示为

$$\nabla \times \boldsymbol{A}(x,y,z) = \left(\frac{\partial A_z}{\partial y} - \frac{\partial A_y}{\partial z}\right)\boldsymbol{i} + \left(\frac{\partial A_x}{\partial z} - \frac{\partial A_z}{\partial x}\right)\boldsymbol{j} + \left(\frac{\partial A_y}{\partial x} - \frac{\partial A_x}{\partial y}\right)\boldsymbol{k}.$$

哈密顿算子是具有向量特征的微分算子,可将拉普拉斯算子表示为

$$\Delta = \nabla \cdot \nabla = \nabla^2 = \frac{\partial^2}{\partial x^2} + \frac{\partial^2}{\partial y^2} + \frac{\partial^2}{\partial z^2};$$

而二维拉普拉斯算子则简记为

$$\Delta_2 = \frac{\partial^2}{\partial x^2} + \frac{\partial^2}{\partial y^2},$$

在不引起混淆的情况下,也可省略下标"2".

借助于上述记号,我们可将高斯定理写作

$$\oiint_S \boldsymbol{A}(x,y,z) \cdot \mathrm{d}\boldsymbol{S} = \iiint_V \nabla \cdot \boldsymbol{A}(x,y,z)\mathrm{d}V, \tag{2.1.1}$$

即向量场的通量等于其散度的体积分,其中闭合曲面 S 是区域 V 的边界. 如果向量场 $\boldsymbol{A}$ 可表示为某一标量场的梯度,即 $\boldsymbol{A} = \nabla\varphi$,在这种情形下高斯定理可表示为

$$\oiint_S \nabla\varphi(x,y,z) \cdot \mathrm{d}\boldsymbol{S} = \iiint_V \Delta\varphi(x,y,z)\mathrm{d}V. \tag{2.1.2}$$

斯托克斯定理可表示为

$$\oint_L \boldsymbol{A}(x,y,z) \cdot \mathrm{d}\boldsymbol{l} = \iint_S [\nabla \times \boldsymbol{A}(x,y,z)] \cdot \mathrm{d}\boldsymbol{S}, \tag{2.1.3}$$

即向量场的环流等于其旋度的通量,其中曲面 S 以 L 为边界,沿回路 L 的绕向与曲面 S 的法向呈右手螺旋关系.

我们还常采用如下写法来表示偏导数:

$$u_x = \partial_x u = \frac{\partial u}{\partial x}, \quad u_{xx} = \partial_{xx} u = \partial_x^2 u = \frac{\partial^2 u}{\partial x^2}.$$

除了直角坐标系,我们也常常会用到极坐标、柱坐标以及球坐标系. 尽管用正交曲线坐标系的拉梅系数计算梯度、旋度和拉普拉斯算子比较方便,但下文中我们还是采用虽然复杂却更为常用的复合函数求偏导的方法进行计算. 直角坐标系与极坐标系的变换关系为

$$x = \rho\cos\varphi, \quad y = \rho\sin\varphi,$$

其中

$$\rho = \sqrt{x^2 + y^2}, \quad \varphi = \arctan\frac{y}{x}.$$

一阶偏导数之间的变换关系为

$$\partial_x = \cos\varphi\,\partial_\rho - \frac{\sin\varphi}{\rho}\partial_\varphi, \quad \partial_y = \sin\varphi\,\partial_\rho + \frac{\cos\varphi}{\rho}\partial_\varphi,$$

其中

$$\partial_\rho = \frac{1}{\sqrt{x^2 + y^2}}(x\partial_x + y\partial_y), \quad \partial_\varphi = -y\partial_x + x\partial_y.$$

由此可得二维拉普拉斯算子在极坐标系中的表示为

$$\Delta_2 = \frac{\partial^2}{\partial \rho^2} + \frac{1}{\rho} \frac{\partial}{\partial \rho} + \frac{1}{\rho^2} \frac{\partial^2}{\partial \varphi^2}. \tag{2.1.4}$$

计算过程如下：

$$\Delta_2 = \partial_x \partial_x + \partial_y \partial_y$$

$$= \left(\cos \varphi \partial_\rho - \frac{\sin \varphi}{\rho} \partial_\varphi \right)^2 + \left(\sin \varphi \partial_\rho + \frac{\cos \varphi}{\rho} \partial_\varphi \right)^2$$

$$= \cos^2 \varphi \partial_{\rho\rho} + \frac{\cos \varphi \sin \varphi}{\rho^2} \partial_\varphi - \frac{\cos \varphi \sin \varphi}{\rho} \partial_\rho \partial_\varphi$$

$$- \frac{\cos \varphi \sin \varphi}{\rho} \partial_\rho \partial_\varphi + \frac{\sin^2 \varphi}{\rho} \partial_\rho + \frac{\cos \varphi \sin \varphi}{\rho^2} \partial_\varphi + \frac{\sin^2 \varphi}{\rho^2} \partial_{\varphi\varphi}$$

$$+ \sin^2 \varphi \partial_{\rho\rho} - \frac{\cos \varphi \sin \varphi}{\rho^2} \partial_\varphi + \frac{\cos \varphi \sin \varphi}{\rho} \partial_\rho \partial_\varphi$$

$$+ \frac{\cos \varphi \sin \varphi}{\rho} \partial_\rho \partial_\varphi + \frac{\cos^2 \varphi}{\rho} \partial_\rho - \frac{\cos \varphi \sin \varphi}{\rho^2} \partial_\varphi + \frac{\cos^2 \varphi}{\rho^2} \partial_{\varphi\varphi}$$

$$= \partial_{\rho\rho} + \rho^{-1} \partial_\rho + \rho^{-2} \partial_{\varphi\varphi}.$$

对于柱坐标，我们可将其视为在极坐标的基础上再加上一个 z 轴，相应的变换关系可完全参照极坐标的情形，此处不再赘述.

球坐标系与直角坐标系的变换关系为

$$x = r \cos \varphi \sin \theta, \quad y = r \sin \varphi \sin \theta, \quad z = r \cos \theta,$$

其中

$$r = \sqrt{x^2 + y^2 + z^2}, \quad \theta = \arctan \frac{\sqrt{x^2 + y^2}}{z}, \quad \varphi = \arctan \frac{y}{x}.$$

一阶偏导数之间的变换关系为

$$\partial_x = \sin \theta \cos \varphi \partial_r + \frac{\cos \theta \cos \varphi}{r} \partial_\theta - \frac{\sin \varphi}{r \sin \theta} \partial_\varphi,$$

$$\partial_y = \sin \theta \sin \varphi \partial_r + \frac{\cos \theta \sin \varphi}{r} \partial_\theta + \frac{\cos \varphi}{r \sin \theta} \partial_\varphi,$$

$$\partial_z = \cos \theta \partial_r - \frac{\sin \theta}{r} \partial_\theta.$$

下面以变量 x 的偏导数为例阐明计算过程：

$$\partial_x = \frac{\partial r}{\partial x} \partial_r + \frac{\partial \theta}{\partial x} \partial_\theta + \frac{\partial \varphi}{\partial x} \partial_\varphi$$

$$= \sin\theta\cos\varphi\partial_r + \frac{\dfrac{x}{z\sqrt{x^2+y^2}}}{1+\dfrac{x^2+y^2}{z^2}}\partial_\theta + \frac{-\dfrac{y}{x^2}}{1+\dfrac{y^2}{x^2}}\partial_\varphi$$

$$= \sin\theta\cos\varphi\partial_r + \frac{\cos\theta\cos\varphi}{r}\partial_\theta - \frac{\sin\varphi}{r\sin\theta}\partial_\varphi.$$

由此可得拉普拉斯算子在球坐标系中的表示为

$$\Delta = \partial_{xx} + \partial_{yy} + \partial_{zz}$$

$$= \partial_{rr} + \frac{2}{r}\partial_r + \frac{1}{r^2}\partial_{\theta\theta} + \frac{\cot\theta}{r^2}\partial_\theta + \frac{1}{r^2\sin^2\theta}\partial_{\varphi\varphi}$$

$$= \frac{1}{r^2}\partial_r r^2 \partial_r + \frac{1}{r^2\sin\theta}\partial_\theta\sin\theta\partial_\theta + \frac{1}{r^2\sin^2\theta}\partial_{\varphi\varphi}. \tag{2.1.5}$$

其中各二阶偏导数的计算过程如下:

$$\partial_{xx} = \left(\sin\theta\cos\varphi\partial_r + \frac{\cos\theta\cos\varphi}{r}\partial_\theta - \frac{\sin\varphi}{r\sin\theta}\partial_\varphi\right)^2$$

$$= \sin^2\theta\cos^2\varphi\partial_{rr} + \frac{2\sin\theta\cos\theta\cos^2\varphi}{r}\partial_{r\theta} - \frac{2\sin\varphi\cos\varphi}{r}\partial_{r\varphi}$$

$$- \frac{\sin\theta\cos\theta\cos^2\varphi}{r^2}\partial_\theta + \frac{\sin\varphi\cos\varphi}{r^2}\partial_\varphi + \left(\frac{\cos^2\theta\cos^2\varphi}{r}\partial_r + \frac{\cos^2\theta\cos^2\varphi}{r^2}\partial_{\theta\theta}\right.$$

$$\left. - \frac{\sin\theta\cos\theta\cos^2\varphi}{r^2}\partial_\theta - \frac{2\cos\theta\sin\varphi\cos\varphi}{r^2\sin\theta}\partial_{\theta\varphi} + \frac{\cos^2\theta\sin\varphi\cos\varphi}{r^2\sin^2\theta}\partial_\varphi\right)$$

$$+ \frac{\sin^2\varphi}{r}\partial_r + \frac{\cos\theta\sin^2\varphi}{r^2\sin\theta}\partial_\theta + \frac{\sin\varphi\cos\varphi}{r^2\sin^2\theta}\partial_\varphi + \frac{\sin^2\varphi}{r^2\sin^2\theta}\partial_{\varphi\varphi}$$

$$= \sin^2\theta\cos^2\varphi\partial_{rr} + \frac{\sin 2\theta\cos^2\varphi}{r}\partial_{r\theta} - \frac{\sin 2\varphi}{r}\partial_{r\varphi} + \frac{\cos^2\theta\cos^2\varphi + \sin^2\varphi}{r}\partial_r$$

$$+ \frac{1}{r^2}\left(\cos^2\theta\cos^2\varphi\partial_{\theta\theta} - \sin 2\theta\cos^2\varphi\partial_\theta + \cot\theta\sin^2\varphi\partial_\theta + \frac{\sin^2\varphi}{\sin^2\theta}\partial_{\varphi\varphi}\right.$$

$$\left. + \frac{\sin 2\varphi}{\sin^2\theta}\partial_\varphi - \cot\theta\sin 2\varphi\partial_{\theta\varphi}\right),$$

$$\partial_{yy} = \left(\sin\theta\sin\varphi\partial_r + \frac{\cos\theta\sin\varphi}{r}\partial_\theta + \frac{\cos\varphi}{r\sin\theta}\partial_\varphi\right)^2$$

$$= \sin^2\theta\sin^2\varphi\partial_{rr} + \frac{\sin 2\theta\sin^2\varphi}{r}\partial_{r\theta} + \frac{\sin 2\varphi}{r}\partial_{r\varphi}$$

$$- \frac{\sin\theta\cos\theta\sin^2\varphi}{r^2}\partial_\theta - \frac{\sin\varphi\cos\varphi}{r^2}\partial_\varphi + \frac{\cos^2\theta\sin^2\varphi}{r}\partial_r + \frac{\cos^2\varphi}{r}\partial_r$$

$$+\frac{\cos^2\theta\,\sin^2\varphi}{r^2}\partial_{\theta\theta}-\frac{\sin\theta\cos\theta\,\sin^2\varphi}{r^2}\partial_\theta+\frac{\cos^2\varphi}{r^2\sin^2\theta}\partial_{\varphi\varphi}-\frac{\sin\varphi\cos\varphi}{r^2\sin^2\theta}\partial_\varphi$$

$$+\frac{\cos\theta\sin2\varphi}{r^2\sin\theta}\partial_{\theta\varphi}-\frac{\cos^2\theta\sin\varphi\cos\varphi}{r^2\sin^2\theta}\partial_\varphi+\frac{\cos\theta\,\cos^2\varphi}{r^2\sin\theta}\partial_\theta$$

$$=\sin^2\theta\sin^2\varphi\,\partial_{rr}+\frac{\sin2\theta\,\sin^2\varphi}{r}\partial_{r\theta}+\frac{\sin2\varphi}{r}\partial_{r\varphi}+\frac{\cos^2\theta\,\sin^2\varphi+\cos^2\varphi}{r}\partial_r$$

$$+\frac{1}{r^2}\Big(\cos^2\theta\,\sin^2\varphi\,\partial_{\theta\theta}-\sin2\theta\,\sin^2\varphi\,\partial_\theta+\cot\theta\,\cos^2\varphi\,\partial_\theta+\frac{\cos^2\varphi}{\sin^2\theta}\partial_{\varphi\varphi}$$

$$-\frac{\sin2\varphi}{\sin^2\theta}\partial_\varphi+\cot\theta\sin2\varphi\,\partial_{\theta\varphi}\Big),$$

$$\partial_{zz}=\Big(\cos\theta\partial_r-\frac{\sin\theta}{r}\partial_\theta\Big)^2$$

$$=\cos^2\theta\partial_{rr}-\frac{\sin2\theta}{r}\partial_{r\theta}+\frac{\sin\theta\cos\theta}{r^2}\partial_\theta$$

$$+\frac{\sin^2\theta}{r}\partial_r+\frac{\sin^2\theta}{r^2}\partial_{\theta\theta}+\frac{\sin\theta\cos\theta}{r^2}\partial_\theta$$

$$=\cos^2\theta\partial_{rr}-\frac{\sin2\theta}{r}\partial_{r\theta}+\frac{\sin^2\theta}{r}\partial_r+\frac{\sin^2\theta}{r^2}\partial_{\theta\theta}+\frac{\sin2\theta}{r^2}\partial_\theta.$$

2.1.2 偏微分方程的基本概念

许多物理规律、过程和状态都是用微分方程来描述的. 当我们研究一个自变量的演化过程时,如弹簧振子的振动、放射性元素的衰变等,常常会提出常微分方程的问题. 通过解常微分方程,就能求出这些运动所遵循的变化规律. 当我们研究多个自变量的运动过程时,则常常会遇到偏微分方程的问题. 所谓偏微分方程,是指含有某未知函数 u 的偏导数的关系式. 例如:

$$\frac{\partial u}{\partial t}=a(t,x)\frac{\partial^2 u}{\partial x^2}+b(t,x)\frac{\partial u}{\partial x}+c(t,x)u+f(t,x),\qquad(2.1.6)$$

$$\frac{\partial^2 u}{\partial x^2}+\frac{\partial^2 u}{\partial y^2}+\frac{\partial^2 u}{\partial z^2}=0\quad(\text{拉普拉斯方程}),\qquad(2.1.7)$$

$$\frac{\partial^2 u}{\partial t^2}=a^2\Delta_3 u+f(t,x,y,z)\quad(\text{波动方程}),\qquad(2.1.8)$$

$$u_t+uu_x=0\quad(\text{冲击波方程}),\qquad(2.1.9)$$

$$u_t+\sigma uu_x+u_{xxx}=0\quad(\text{KdV 方程})\qquad(2.1.10)$$

等都是偏微分方程. 其中 a,σ 为常数,$a(t,x),b(t,x),c(t,x),f(t,x)$ 及 $f(t,x,y,z)$ 为已知函数,u 为未知函数.

一个偏微分方程中所含偏导数的最高阶数称为此方程的**阶**;如果一个偏微分方程对未知函数及其导数都是一次的,则称为**线性方程**;否则,称为**非线性方程**. 例如,上面所列的方程中,方程(2.1.6)至方程(2.1.8)是二阶线性方程,方程(2.1.9)是一阶非线性方程,方程(2.1.10)是三阶非线性方程.

数学物理方程通常是指从物理问题中导出的函数方程,特别是偏微分方程. 本书着重研究含有 $2 \sim 4$ 个自变量 $x_1, x_2, \cdots, x_n (n=2,3,4)$ 的二阶常系数线性偏微分方程,它的一般形式是

$$\sum_{i,j=1}^{n} a_{ij} \frac{\partial^2 u}{\partial x_i \partial x_j} + 2\sum_{i=1}^{n} b_i \frac{\partial u}{\partial x_i} + cu = f(x_1, x_2, \cdots, x_n), \quad (2.1.11)$$

其中 a_{ij}, b_i, c 是常数,且 $a_{ij} = a_{ji}, f(x_1, x_2, \cdots, x_n)$ 是已知函数. 若方程(2.1.11)中的自由项 $f \equiv 0$,则称方程是**齐次**的;反之,就称方程是**非齐次**的.

任何一个在自变量的某变化区域内满足方程(即代入方程后使方程成为恒等式)的函数,都称为方程的一个**解**. 我们把描写一个物理过程的方程称为**泛定方程**. 为了把一个过程的进展情况完全确定下来,还要知道这个过程发生的具体条件,这样的条件我们称之为**定解条件**;泛定方程加上适当的定解条件,就构成数学物理中的一个定解问题. 下面我们通过例子来了解一下偏微分方程的解的特点,并比较其和常微分方程的差异.

例如,可以直接验证,除了点 (x_0, y_0, z_0) 外,函数

$$u(x,y,z) = \frac{1}{\sqrt{(x-x_0)^2 + (y-y_0)^2 + (z-z_0)^2}}$$

满足三维拉普拉斯方程

$$\Delta_3 u = \frac{\partial^2 u}{\partial x^2} + \frac{\partial^2 u}{\partial y^2} + \frac{\partial^2 u}{\partial z^2} = 0,$$

并且显然,在同样的条件下,函数

$$u(x,y,z) = \frac{1}{\sqrt{(x-x_0)^2 + (y-y_0)^2 + (z-z_0)^2}} + ax + byz$$

也满足三维拉普拉斯方程,其中 a, b 为任意常数.

【例 2.1】 当 a, b 满足怎样的条件时,二维拉普拉斯方程

$$\Delta_2 u = \frac{\partial^2 u}{\partial x^2} + \frac{\partial^2 u}{\partial y^2} = 0$$

有指数解 $u = e^{ax+by}$? 并把解求出.

解 把 $u = e^{ax+by}$ 代入所给方程,可得

$$(a^2 + b^2)e^{ax+by} = 0.$$

因为 $\mathrm{e}^{ax+by} \neq 0$，所以 $a^2 + b^2 = 0$，即当 $a = \pm \mathrm{i}b (\mathrm{i} = \sqrt{-1})$ 或 $b = \pm \mathrm{i}a$ 时，二维拉普拉斯方程有指数解. 它的形式是

$$u = \mathrm{e}^{\pm \mathrm{i}bx + by} = \mathrm{e}^{by}(\cos bx \pm \mathrm{i}\sin bx)$$

及

$$u = \mathrm{e}^{ax \pm \mathrm{i}ay} = \mathrm{e}^{ax}(\cos ay \pm \mathrm{i}\sin ay).$$

这里 a, b 是任意实数, 若取实形式, 则

$$\mathrm{e}^{ax}\cos ay, \quad \mathrm{e}^{ax}\sin ay; \quad \mathrm{e}^{by}\cos bx, \quad \mathrm{e}^{by}\sin bx$$

都是 $\Delta_2 u = 0$ 的解.

一个偏微分方程的解是多种多样的. 以 $\Delta_2 u = 0$ 为例, 仿照例 2.1 的方法可以确定: 对于任何实数 a, d, e, 当 $c = -3a, b = -3d$ 时, 二元多项式

$$u = ax^3 + bx^2 y + cxy^2 + dy^3 + e$$

满足 $\Delta_2 u = 0$.

更一般地, 由复变函数我们知道, 任何一个解析函数的实部或虚部 (即二维调和函数) 都满足 $\Delta_2 u = 0$. 例如:

$$u = \mathrm{Re}\ln z = \ln r \quad (r = \sqrt{x^2 + y^2} \neq 0),$$

$$u = \mathrm{Re}\, z^n = \mathrm{Re}\, r^n \mathrm{e}^{in\theta} = r^n \cos n\theta, \quad u = \mathrm{Im}\, z^n = r^n \sin n\theta$$

都是它的解, 这里 r, θ 是极坐标系中的变量. 也可以直接将上述各解代入二维拉普拉斯方程的极坐标形式

$$\Delta_2 u = \frac{\partial^2 u}{\partial r^2} + \frac{1}{r}\frac{\partial u}{\partial r} + \frac{1}{r^2}\frac{\partial^2 u}{\partial \theta^2} = 0 \tag{2.1.12}$$

予以验证.

上面所举的例子告诉我们, 一个偏微分方程的解有无穷多个. 而且一般来说, 一个一阶偏微分方程的解依赖于一个任意函数, 一个二阶偏微分方程的解依赖于两个任意函数. 例如, 由于自变量为 x, y 的一阶线性方程

$$\frac{\partial u}{\partial y} = f(x)$$

只依赖于 x 的函数, 对 y 的偏导数为零, 所以把上式两边对 y 积分可得

$$u = \int \frac{\partial u}{\partial y}\mathrm{d}y = \int f(x)\mathrm{d}y + \varphi(x) = f(x) \cdot y + \varphi(x), \tag{2.1.13}$$

其中 $\varphi(x)$ 是任意函数.

【例 2.2】 设 $u = u(x, y)$, 求二阶线性方程 $\dfrac{\partial^2 u}{\partial x \partial y} = 0$ 的一般解.

解 把所给方程改写为

$$\frac{\partial}{\partial x}\left(\frac{\partial u}{\partial y}\right)=0,$$

两边对 x 积分,可得

$$\frac{\partial u}{\partial y}=\int\frac{\partial}{\partial x}\left(\frac{\partial u}{\partial y}\right)\mathrm{d}x=\int 0\mathrm{d}x+\varphi(y)=\varphi(y),$$

其中 $\varphi(y)$ 是任意函数. 然后两边再对 y 积分,可得方程的一般解为

$$\int\frac{\partial u}{\partial y}\mathrm{d}y=\int\varphi(y)\mathrm{d}y+f(x)=f(x)+g(y),\qquad(2.1.14)$$

其中 $f(x),g(y)$ 是任意两个一次可微函数.

【例 2.3】 求方程 $\dfrac{\partial^2 u}{\partial t^2}=a^2\dfrac{\partial^2 u}{\partial x^2}$ 的通解.

解 作变量代换 $\xi=x+at,\eta=x-at$,由复合函数的求导法则,有

$$\frac{\partial u}{\partial t}=a\left(\frac{\partial u}{\partial \xi}-\frac{\partial u}{\partial \eta}\right),$$

$$\frac{\partial^2 u}{\partial t^2}=a^2\left(\frac{\partial^2 u}{\partial \xi^2}-2\frac{\partial^2 u}{\partial \xi\partial \eta}+\frac{\partial^2 u}{\partial \eta^2}\right),$$

$$\frac{\partial^2 u}{\partial x^2}=\frac{\partial^2 u}{\partial \xi^2}+2\frac{\partial^2 u}{\partial \xi\partial \eta}+\frac{\partial^2 u}{\partial \eta^2}.$$

于是,所给方程可变形为 $\dfrac{\partial^2 u}{\partial \xi\partial \eta}=0.$ 由例 2.2 可得所求的通解为

$$u=f(\xi)+g(\eta)=f(x+at)+g(x-at),\qquad(2.1.15)$$

其中 f,g 是任意两个二次可微函数.

【例 2.4】 求方程 $t\,\dfrac{\partial^2 u}{\partial x\partial t}+2\,\dfrac{\partial u}{\partial x}=2xt$ 的通解.

解 令 $\dfrac{\partial u}{\partial x}=v$,则原方程变为

$$t\,\frac{\partial v}{\partial t}+2v=2xt.$$

把 x 看作参数,这是一个一阶线性常微分方程,于是

$$v=\mathrm{e}^{-\int\frac{2}{t}\mathrm{d}t}\left[G(x)+\int 2x\,\mathrm{e}^{\int\frac{2}{t}\mathrm{d}t}\mathrm{d}t\right]$$

$$=t^{-2}\left[G(x)+\frac{2}{3}xt^3\right]\,(G(x)\text{ 是任意函数}).$$

再对 x 积分,可得

$$u=\frac{1}{3}x^2t+t^{-2}F(x)+H(t),$$

这里 $F(x)$ 和 $H(t)$ 是任意两个一次可微函数.

§2.2　三类典型方程的导出

2.2.1　热传导方程

首先介绍一个预备知识——傅里叶定律. 1822年,法国数学家、物理学家傅里叶(Fourier)根据实验提出了热传导的基本定律,即在导热现象中,单位时间内通过给定截面的热量,正比例于垂直于该截面方向上的温度变化率和截面面积,而热量传递的方向则与温度升高的方向相反. 对于各向同性(材料的导热系数不随方向改变)的物体,傅里叶定律可表述为:热流密度向量与温度梯度成正比,方向相反. 其数学表示式为

$$q = -k(x,y,z) \nabla u. \tag{2.2.1}$$

式中,q 为热流密度向量,它指向热量流失最快的方向,其数值等于垂直于此方向的单位面积上单位时间内通过的热量;k 为导热系数,依赖于具体材料;u 为温度,而温度梯度的方向是温度增加最快的方向,正好和热量流失的方向相反.

下面我们通过研究一个具体的热传导问题,来导出热传导方程. 如图 2.1 所示,体积 V 以封闭曲面 S 为边界,dS 为 S 上任一有向面元,方向为外法向,q 为该处的热流密度向量,dV 为 V 内部任一体积元. 假定在 V 内物质的密度分布为 $\rho(x,y,z)$,比热为 $c(x,y,z)$,热源密度分布为 $F(t,x,y,z)$,我们来考察从时刻 t_1 到 t_2 区域 V 上的热量变化.

首先我们应明确,傅里叶定律和能量守恒定律是这一过程所遵循的相关物理规律,也是我们处理该问题的出发点.

此外,密度、比热、热源密度是空间的函数,欲了解区域 V 上的热量变化,势必先要探察该区域每一点附近的情况. 因此,数学分析手段当首选微元法.

区域 V 的内部和边界需要分别处理. 在边界面 S 上任取一有向面元 dS,如图 2.1 所示,由傅里叶定律,在微元时间 dt 内通过 dS 从区域 V 流出的热量 dQ_1 为

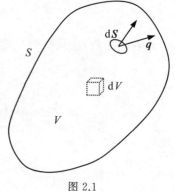

图 2.1

$$dQ_1 = \boldsymbol{q} \cdot d\boldsymbol{S} \, dt = -k(x,y,z) \, \nabla u \cdot d\boldsymbol{S} \, dt. \tag{2.2.2}$$

从时刻 t_1 到 t_2 对曲面 S 积分,可得到这段时间内从区域 V 中散失出去的总热量为

$$Q_1 = -\int_{t_1}^{t_2} dt \oiint_S k(x,y,z) \, \nabla u \cdot d\boldsymbol{S}.$$

积分结果大于 0 表示放热,反之为吸热. 利用高斯定理,我们可以将上式写成

$$Q_1 = -\int_{t_1}^{t_2} dt \iiint_V \nabla \cdot [k(x,y,z) \, \nabla u] dV. \tag{2.2.3}$$

在 V 内任取一体积元 dV,其质量 $dm = \rho \, dV$,由于在 dt 时间内温度的变化为 du,因而在该微元时间内物质吸收的热量为

$$dQ_2 = c(x,y,z) du \, dm = c(x,y,z)\rho(x,y,z)\frac{\partial u}{\partial t} dt \, dV. \tag{2.2.4}$$

将其对体积和时间积分可得到区域 V 内的物质因为温度变化而吸收的热量,即

$$Q_2 = \int_{t_1}^{t_2} dt \iiint_V c(x,y,z)\rho(x,y,z)\frac{\partial u}{\partial t} dV. \tag{2.2.5}$$

正值代表吸热,负值代表放热.

另外,由于体积元 dV 中的热源在 dt 时间内所释放的热量为

$$dQ = F(t,x,y,z) dV \, dt,$$

故 $t_1 \sim t_2$ 时间段内区域 V 中热源释放的总热量为

$$Q = \int_{t_1}^{t_2} dt \iiint_V F(t,x,y,z) dV. \tag{2.2.6}$$

正值代表放热,负值代表吸热.

至此,我们已经分析了热量变化的所有可能方式. 回到出发点,由能量守恒定律可知,$t_1 \sim t_2$ 时间段内区域 V 中热源释放的总热量,除了用来提升区域 V 中物质的温度之外,其余热量通过边界面散失到了外界,即

$$Q = Q_1 + Q_2. \tag{2.2.7}$$

能量守恒定律是物理学的普适定律,而 $t_1 \sim t_2$ 时间段和区域 V 均是任意选取的,因此要使式(2.2.7)恒成立,则该式两边的被积函数必须相等,即

$$F(t,x,y,z) = -\nabla \cdot [k(x,y,z) \, \nabla u] + c(x,y,z)\rho(x,y,z)\frac{\partial u}{\partial t}. \tag{2.2.8}$$

以上我们考虑的是一般情形下的热传导过程,没有额外的假设. 下面引入附加条件,以简化偏微分方程. 假定导热系数 k、密度 ρ、比热 c 都是常数,并

令 $a^2 = k/c\rho$, $f = F/c\rho$, 代入式(2.2.8), 移项整理可得

$$\frac{\partial u}{\partial t} = a^2 \Delta u + f(t,x,y,z), \quad a = \sqrt{k/c\rho}. \tag{2.2.9}$$

这样我们就导出了三维热传导方程. 由上述讨论可见, 它是热传导问题的动力学方程, $f(t,x,y,z)$ 表征了热源密度的大小, 系数 a 表征了热交换速度的快慢. 导热系数 k 的值越大意味着物质散失热量的速度越快, 而密度 ρ 和比热 c 的乘积值越大意味着物质的吸热本领越大, 热交换的速度取决于二者博弈的结果, 也就是系数 a.

在热传导方程(2.2.9)中, 非齐次项的物理意义是热源. 在更一般的情形下, 非齐次项往往也代表着该问题中的"源". 如果物体内部没有热源分布, 则有

$$\frac{\partial u}{\partial t} = a^2 \Delta u. \tag{2.2.10}$$

在上一节我们已经了解到, 偏微分方程的解是无穷多的. 对于一个特定的热传导过程, 需要给出合适的定解条件, 方能确定区域中每一点的温度随时间的演化关系. 借助于物理规律和直观认知可知, 如果已知各点的初始温度以及从边界散失的热量的情况, 热传导方程的解就应该是完全确定的. 也就是说, 定解条件可以表示为

$$\begin{cases} u(0,x,y,z) = \varphi(x,y,z); \\ \left.\frac{\partial u}{\partial n}\right|_S = -\frac{q_n(t,x,y,z)}{k}, \quad (x,y,z) \in S, \quad t > 0. \end{cases} \tag{2.2.11}$$

式中, $q_n(t,x,y,z)$ 是热流密度向量的法向分量; $\partial/\partial n$ 是边界面 S 的外法向导数; k 为导热系数. 当然, 定解条件不仅此一种, 下文还将介绍其他形式.

如果考虑的是稳定温度场, 这时温度只是空间坐标的函数, 不依赖于时间, 即 $u_t = 0$, 就可得到三维拉普拉斯方程为

$$\Delta u = 0. \tag{2.2.12}$$

在有热源的情况下, 可得到泊松方程为

$$\Delta u = g(x,y,z), \quad g(x,y,z) = -\frac{1}{a^2}f(x,y,z). \tag{2.2.13}$$

现在考虑各向同性的均匀细杆的热传导问题. 取细杆的方向为 x 轴, 设在每一个垂直于 x 轴的断面上温度相同, 细杆的侧表面与周围介质之间没有热交换, 且在杆内没有热源. 这时温度 $u(t,x)$ 只是坐标 x 和时间 t 的函数, 因而

$$u_y = u_z = 0.$$

这样就得到一维热传导方程为

$$u_t = a^2 u_{xx}. \tag{2.2.14}$$

正如平面场问题,出于某种对称性的考虑,用一平面上各点的场分布就能代表空间的场分布. 同样地,由一维热传导方程所描述的均匀细杆的热传导,也是一种特殊的空间场,用一条直线上的温度分布就可以代表整个空间的温度分布. 以后关于直线或平面上的问题的类似情况,均应这样理解.

扩散过程和热传导过程虽然是不同的物理过程,但是满足的方程是相似的. 溶液中的溶质从高浓度处扩散到低浓度处是液体扩散的例子. 比如,将墨水滴入一杯水中,扩散过程会持续到整杯水有相同的颜色为止. 固体中的杂质也同样会发生扩散,并且高温扩散是半导体掺杂的一项重要工艺,如制造半导体材料时的锑扩散、硼扩散及磷扩散等. 扩散现象服从与热传导定律相类似的菲克(Fick)扩散定律,用公式可表示为

$$\boldsymbol{j} = -D\nabla u(t,x,y,z). \tag{2.2.15}$$

式中,$u(t,x,y,z)$ 是物质的浓度;$D(>0)$ 是扩散系数;$\boldsymbol{j}$ 为物质流向量;负号表示物质流向量的方向与浓度梯度的方向相反.

类比热传导问题,可以导出扩散过程满足的方程. 将菲克扩散定律类比于傅里叶热传导定律,物质的量守恒类比于能量守恒,扩散系数类比于导热系数,则浓度的地位和温度相当. 根据通常情况,我们可加上没有化学反应或核反应等物质生成的条件,这样就不存在和热源密度对应的物质源密度,于是方程将是齐次的. 此外,常数 1 将替代比热与密度乘积的位置,因为浓度的变化直接决定了物质的量的变化. 在上述类比之下,我们可得到如下结果:

在 $t_1 \sim t_2$ 时间段内从区域 V 中散失出去的物质的量为

$$W_1 = -\int_{t_1}^{t_2} \mathrm{d}t \oiint_S D\nabla u \cdot \mathrm{d}\boldsymbol{S} = -\int_{t_1}^{t_2} \mathrm{d}t \iiint_V \nabla \cdot (D\nabla u)\mathrm{d}V, \tag{2.2.16}$$

而这段时间内区域 V 中物质的量的增量为

$$W_2 = \int_{t_1}^{t_2} \mathrm{d}t \iiint_V \frac{\partial u}{\partial t}\mathrm{d}V, \tag{2.2.17}$$

由于物质的总量保持不变,因此

$$W_1 + W_2 = 0. \tag{2.2.18}$$

再由时间和区域的任意性,则扩散过程须满足方程

$$\frac{\partial u}{\partial t} = \frac{\partial}{\partial x}(Du_x) + \frac{\partial}{\partial y}(Du_y) + \frac{\partial}{\partial z}(Du_z). \tag{2.2.19}$$

如果 D 为常数,可令 $a^2 = D$,则有

$$\frac{\partial u}{\partial t} = a^2 \Delta u. \tag{2.2.20}$$

由于没有生成物质的源,因而扩散方程中不含非齐次项.虽然热传导问题和扩散问题源自不同的物理背景,满足不同的物理规律,然而描述它们的数学方程是相同的.

2.2.2 理想弦的横振动

现在我们来研究理想弦的微小横振动,首先需要说明问题的含义及所作的近似.所谓理想弦,是一根细线,其横截面的直径远小于弦的长度,忽略横向尺度,我们可以将弦近似视为一维物体;"理想"还意味着弦是柔软而有弹性的,弦在松弛时可以被弯成任意形状并保持不变,而在张紧时弦上的张力总是沿着弦的切线方向.设弦的线密度为 $\rho(x)$,弦上的张力为 T,当弦静止时,其平衡位置和 x 轴重合.某时,弦受到小扰动而开始在平衡位置附近做微小横振动.弦的运动完全位于某一包含 x 轴的 x-u 平面内,并且弦上每一点只在垂直于 x 轴的 u 轴方向上运动,在 x 轴方向上的位移可忽略.我们用 $u(t,x)$ 来表示 t 时刻 x 点的位移.微小振动不仅指位移 $u(t,x)$ 很小,而且 u_x 也很小,即 $u_x \sim 0$.也就是说,弦的形状不存在陡峭的变化,其物理意义为邻近两点的位移差别很小.此外,我们假定在 u 轴方向上有外力作用于弦,力的分布密度为 $g(t,x)$.

在上述前提下,我们来寻求弦运动所满足的方程.因为弦上每一点的速度随时间不断变化,所以牛顿第二定律便成为了该物理问题的出发点.同时,由于弦上各点的速度、加速度各不相同,因此应当选取任意一个微元来分析.

考虑一段弦 MN,在其上任取微元 $(x, x+\mathrm{d}x)$ 作为研究对象,受力分析如图 2.2 所示.弦上的张力是作用于此微元的外力,我们令沿 x 轴增加方向的张力为 $\boldsymbol{T}(t,x+\mathrm{d}x)$,另一端的张力为 $-\boldsymbol{T}(t,x)$,由力密度可得 u 轴方向的微元力为 $\boldsymbol{g}\mathrm{d}x$.由上文可知,微元只在 u 轴方向上运动,x 轴方向所受的合外力为 0,微元质量为 $\mathrm{d}m = \rho(x)\mathrm{d}x$.记 $\boldsymbol{T}=(T_1,T_2)$,可分别写出 x 轴方向和 u 轴方向的牛顿第二定律为

图 2.2

$$T_1(t,x+\mathrm{d}x) - T_1(t,x) = 0, \tag{2.2.21}$$

$$T_2(t,x+\mathrm{d}x) - T_2(t,x) + g(t,x)\mathrm{d}x = \frac{\partial^2 u}{\partial t^2}\rho(x)\mathrm{d}x. \tag{2.2.22}$$

式中，T_1 为张力 T 的 x 分量；T_2 为张力 T 的 u 分量.

由于 x 的取值是任意的，式(2.2.21)表明，张力的 x 分量与自变量 x 无关，仅依赖于时间，即

$$T_1 = T_1(t). \tag{2.2.23}$$

将式(2.2.22)两端同除以 $\mathrm{d}x$ 并取极限，由偏导数的定义可得

$$\frac{\partial T_2(t,x)}{\partial x} + g(t,x) = \rho(x)\frac{\partial^2 u}{\partial t^2}. \tag{2.2.24}$$

再根据前提条件，张力总是沿着弦的切线方向，由曲线导数的几何意义可知

$$\frac{T_2}{T_1} = \frac{\partial u}{\partial x} \longrightarrow T_2 = T_1\frac{\partial u}{\partial x}. \tag{2.2.25}$$

将式(2.2.25)代入式(2.2.24)，注意到 T_1 不依赖于 x，于是

$$T_1\frac{\partial^2 u(t,x)}{\partial x^2} + g(t,x) = \rho(x)\frac{\partial^2 u}{\partial t^2}. \tag{2.2.26}$$

这是一个关于 u 的二阶偏微分方程，倘若能够进一步简化，将为方程的求解带来更多的方便. 我们可以合理地假设弦是由同样的材质构成的，并且粗细均匀，因而密度 ρ 是常数. 张力的大小和 T_1 有关，可表示为

$$T = \sqrt{T_1^2 + T_2^2} = T_1\sqrt{1 + u_x^2}. \tag{2.2.27}$$

由于弦是弹性的，也就是说满足胡克定律，则弦上的张力 T 和弦的伸长量成正比. 对于我们所处理的微元来说，其长度为

$$\mathrm{d}s = \mathrm{d}x\sqrt{1 + u_x^2}. \tag{2.2.28}$$

如果弦形状的变化比较平缓，即 $u_x \sim 0$，我们可以认为 $\mathrm{d}s \approx \mathrm{d}x$. 由微元的任意性或者直接积分弧长，可把这一近似推广到整个弦，即弦的总长度在运动中未发生变化. 换言之，我们在物理上忽略弦在运动中长度的微小变化，等价于在数学上取 $u_x \sim 0$ 的近似. 这就是上文作此假设的原因所在. 既然弦的长度不发生变化，那么张力的大小就保持不变，并且由于 $u_x \sim 0$，则

$$T_1 \approx T = 常量. \tag{2.2.29}$$

于是式(2.2.26)可化为

$$\frac{\partial^2 u}{\partial t^2} = a^2\frac{\partial^2 u}{\partial x^2} + f(t,x), \tag{2.2.30}$$

其中

$$a^2 = \frac{T}{\rho}, \quad f(t,x) = \frac{g(t,x)}{\rho}. \tag{2.2.31}$$

由于 x 的取值是任意的，因此式(2.2.30)适用于弦上的每一点. 该式即为弦的

微小振动方程,也称为**一维波动方程**. 通过量纲分析易知,a 具有速度的单位,其物理意义是波在弦上传播的速度.

由导出过程可见,牛顿第二定律是一维波动方程(2.2.30)的推导依据,从而再次证实,和力密度相关联的非齐次项代表了"源". 如果 $f(t,x) \equiv 0$,则方程为齐次的,在物理上对应弦受到一个初始小扰动后进行自由振动的情形.

直接将一维波动方程进行推广,即可得三维空间的波动方程为

$$\partial_{tt} u = a^2 \Delta u + f(t, x, y, z). \tag{2.2.32}$$

由质点所受的合外力,可以列出牛顿第二定律的方程. 如果还知道该质点初始时刻的位置和速度,则质点的运动就完全确定了. 同样地,为确定弦的运动,我们也要知道弦上每一点初始时刻的位置和速度,只不过有两个特殊点需要单独处理,即弦的端点. 这是由于我们使用微元法建立数学模型时,是在弦线内部任取一小段微元,所考虑的是区域的内点,并不包含区域的边界点——弦的端点. 端点的作用留待后文讨论边界条件时处理.

2.2.3 电势

为简明起见,我们仅考虑真空静电场的情形,并且采用国际单位制. 根据静电场的高斯定理,通过闭合曲面 S 的电通量等于其所包围的电荷量除以真空介电常数 ε_0,用公式可表示为

$$\oiint_S \boldsymbol{E} \cdot \mathrm{d}\boldsymbol{S} = \frac{1}{\varepsilon_0} \sum_i q_i. \tag{2.2.33}$$

这一物理规律可由库仑定律导出,源自点电荷电场的平方反比特性,从直观上我们可借助于"电场线始于正电荷或无穷远处,终止于负电荷或无穷远处"的性质来理解. 而对于以闭合曲面 S 为边界的区域 V 而言,微积分中的高斯定理为

$$\oiint_S \boldsymbol{E}(x, y, z) \cdot \mathrm{d}\boldsymbol{S} = \iiint_V \nabla \cdot \boldsymbol{E}(x, y, z) \mathrm{d}V. \tag{2.2.34}$$

也就是说,电场强度的通量等于其散度的体积分. 另外,区域 V 内的电荷量等于电荷密度 ρ 的体积分,即

$$\sum_i q_i = \iiint_V \rho(x, y, z) \mathrm{d}V. \tag{2.2.35}$$

于是,我们可将物理学和数学中的高斯定理结合起来,从而有

$$\iiint_V \nabla \cdot \boldsymbol{E} \mathrm{d}V = \frac{1}{\varepsilon_0} \iiint_V \rho \mathrm{d}V. \tag{2.2.36}$$

由于微积分中的高斯定理和物理学中的库仑定律都是普适定律,对任意区域 V 都成立,被积函数应相等,因此电场强度的散度必须满足

$$\nabla \cdot \boldsymbol{E} = \frac{\rho}{\varepsilon_0}. \tag{2.2.37}$$

麦克斯韦方程组包含四个方程,式(2.2.37) 是其中之一,并且是真空静电场情形下的特例.

　　由于静电场是保守场,因此我们常常用电势来描述场的分布,则负的电势梯度即为电场强度,即

$$\boldsymbol{E}(x, y, z) = -\nabla \varphi(x, y, z). \tag{2.2.38}$$

将这一关系代入场强的散度方程,可得

$$\Delta \varphi = -\frac{\rho}{\varepsilon_0}. \tag{2.2.39}$$

式(2.2.39) 称为**泊松方程**,因为是泊松首先提出的而得名. 不过,泊松是借助于类比而提出此方程的,之后高斯在得到电场的高斯定理时才给出严格的证明. 电荷是电场的"源",于是我们在泊松方程中再次看到同电荷密度相关联的非齐次项的物理意义为"源". 泊松方程也称为**位势方程**,齐次的泊松方程又称为**拉普拉斯方程**,在二维情形下即为复变函数中的调和方程.

§2.3　定解问题与叠加原理

　　在数学物理方程中,最常见的就是前面讨论的三个二阶常系数线性偏微分方程,即热传导方程、波动方程和泊松方程. 许多问题的物理起源及所遵从的规律虽然不尽相同,但在经过模型的建立、合理假设与化简之后,所导出的数学方程却常常可用上述三个方程之一来描述. 例如,声波在空气中的传播、弹性体的振动、电磁波在真空中的传播等物理过程所导出的就是波动方程. 描述热量在物体内从温度较高处向较低处的传导,溶液中的溶质由浓度较大处向较小处的扩散等输运过程的就是热传导方程. 上述两种物理过程都是随时间而发展的过程,所以有时统称为**发展方程**. 如果它们进入稳定状态,即表征运动过程的物理量 u 不再随时间而改变,那么

$$u_t = 0, \quad u_{tt} = 0.$$

这样就得到了泊松方程,也称为**稳定方程**. 所以泊松方程描述的是一些稳定的物理现象,如某些稳定(定常)流场的分布、稳定温度场的分布、静电场的分

布等等.

另外,实际中碰到的许多方程,或者只要经过简单的变换就可以化为以上三个方程之一;或者虽然不能直接化为这种形式,但可以仿效三者之一的有关问题来处理. 因此,这三个方程乃是三类方程的典型代表. 以波动方程为代表的那一类方程称为**双曲型方程**,以热传导方程为代表的称为**抛物型方程**,以泊松方程为代表的称为**椭圆型方程**.

在前文中,我们推导了描述某些物理过程的三个典型的偏微分方程. 这些微分关系式仅仅表明了在某个物理过程中,怎样由某一时刻和某一地点的状态连续变化到邻近时刻和邻近地点的状态这种一般的运动规律. 因此,仅仅知道了一个物理过程所满足的微分方程,还不足以把这个过程完全确定下来. 这个事实在数学上的表现,就是一个方程可能有许多不同的解. 为了把解确定下来,还要给泛定方程加上适当的定解条件.

2.3.1　初始条件和初始问题

所谓初始条件,是指过程发生的初始状态. 例如,考虑一条无限长的弦的自由振动,描述这一运动的方程是

$$u_{tt} = a^2 u_{xx} \quad (-\infty < x < +\infty, t > 0). \tag{2.3.1}$$

为了完全确定这条弦的运动规律,还必须知道开始时刻($t = 0$)弦上各点的位移

$$u(0, x) = \varphi(x) \quad (-\infty < x < +\infty) \tag{2.3.2}$$

和初始速度

$$u_t(0, x) = \psi(x) \quad (-\infty < x < +\infty). \tag{2.3.3}$$

这样,就得到了如下的定解问题:

$$\begin{cases} \text{泛定方程}: u_{tt} = a^2 u_{xx} \quad (-\infty < x < +\infty, t > 0), \\ \text{定解条件}: u(0, x) = \varphi(x), \quad u_t(0, x) = \psi(x). \end{cases} \tag{2.3.4}$$

这里的定解条件所给出的是某一初始时刻弦的状态,即初始条件. 具体地说,就是未知函数 u 及其对时间的偏导数在 $t = 0$ 的值. 这个定解问题叫作**初始问题**(或柯西问题).

这个定解问题的含义就是找出一个二元函数 $u(t, x)$,使它当 $-\infty < x < +\infty, t > 0$ 时满足一维波动方程,而当 $t = 0$ 时满足给定的初始条件.

对于全空间的三维波动方程,初始问题的提法是

$$\begin{cases} u_{tt} = a^2 \Delta u + f(t, x, y, z) \quad (-\infty < x, y, z < +\infty, t > 0), \\ u(0, x, y, z) = \varphi(x, y, z), \quad u_t(0, x, y, z) = \psi(x, y, z). \end{cases} \tag{2.3.5}$$

这里 $\varphi(x,y,z),\psi(x,y,z)$ 是已知函数.

如果要研究一条无限长的均匀细杆的热传导,初始问题的提法就是开始时刻 $(t=0)$ 温度 u 的值. 这时

$$\begin{cases} u_t = a^2 u_{xx} + f(t,x) & (-\infty < x < +\infty, t>0), \\ u(0,x) = \varphi(x) & (-\infty < x < +\infty). \end{cases} \tag{2.3.6}$$

对于全空间的三维热传导方程,初始问题的提法则是

$$\begin{cases} u_t = a^2 \Delta u + f(t,x,y,z) & (-\infty < x,y,z < +\infty, t>0), \\ u(0,x,y,z) = \varphi(x,y,z) & (-\infty < x,y,z < +\infty). \end{cases} \tag{2.3.7}$$

从数学的角度看,就时间变量 t 而言,热传导方程中只出现了 t 的一阶导数,所以只需要一个初始条件就能把过程完全确定下来;而波动方程中出现了 t 的二阶导数,因而需要两个初始条件才能把过程完全确定下来.

2.3.2　边界条件和边值问题

上面讲的初始问题,是在整个空间中研究所发生的物理过程. 如果要考虑在空间某一区域 V 内发生的物理过程,就要涉及这个过程在 V 的边界面 S 上的约束状态,这就是所谓的边界条件. 下面以静电场为例,说明边界条件的提法. 已知体积 V 的边界面 S 上的电势,若 V 内无电荷分布,则电势 u 满足定解问题

$$\begin{cases} \Delta u = 0, & (x,y,z) \in V, \\ u|_S = \varphi(x,y,z), & (x,y,z) \in S. \end{cases} \tag{2.3.8}$$

即找一个函数 $u(x,y,z)$,它在区域 V 内满足三维调和方程,而在边界面 S 上取已知的值 $\varphi(x,y,z)$. 条件

$$u|_S = \varphi(x,y,z) \tag{2.3.9}$$

称为**第一类边界条件**或**狄利克莱条件**,上述定解问题称为拉普拉斯方程的**第一边值问题**或**狄利克莱问题**.

如果已知电势在边界面上的法向导数为

$$\frac{\partial u}{\partial n}\bigg|_S = \varphi(x,y,z), \tag{2.3.10}$$

其中 $\partial/\partial n$ 是区域 V 的边界面 S 的外法向导数,$\varphi(x,y,z)$ 是定义在 S 上的已知函数. 这种条件称为**第二类边界条件**或**诺依曼边界条件**. 相应的定解问题

$$\begin{cases} \Delta u = 0, & (x,y,z) \in V, \\ \dfrac{\partial u}{\partial n}\bigg|_S = \varphi(x,y,z), & (x,y,z) \in S \end{cases} \tag{2.3.11}$$

称为拉普拉斯方程的**第二边值问题**或**诺依曼问题**.

对于拉普拉斯方程,还有第三类边界条件或称洛平条件,它的形式是

$$\left(\alpha \frac{\partial u}{\partial n} + \beta u\right)\Big|_S = \varphi(x, y, z). \tag{2.3.12}$$

这里 α, β, φ 都是定义在 S 上的已知函数,且 $\alpha^2 + \beta^2 \neq 0$,相应的定解问题

$$\begin{cases} \Delta u = 0, & (x, y, z) \in V, \\ \left(\alpha \dfrac{\partial u}{\partial n} + \beta u\right)\Big|_S = \varphi(x, y, z), & (x, y, z) \in S \end{cases} \tag{2.3.13}$$

称为**第三边值问题**或**洛平问题**.

显然,当 $\alpha = 0$ 时,洛平问题成为狄利克莱问题;当 $\beta = 0$ 时,洛平问题成为诺依曼问题.

【例 2.5】 有一接地的槽形导体,上有电势为 $\varphi(x, y)$ 的盖子,盖子与导体相接触处绝缘. 试写出槽内电势分布的定解问题.

解 设导体的三边长分别是 a, b, c,取坐标系如图 2.3 所示,并设电势为 u,则依题意,u 满足定解问题

$$\begin{cases} \Delta u = 0 & (0 < x < a, 0 < y < b, 0 < z < c), \\ u\big|_{z=c} = \varphi(x, y) & (0 < x < a, 0 < y < b), \\ u\big|_{z=0} = 0 & (0 \leqslant x \leqslant a, 0 \leqslant y \leqslant b), \\ u\big|_{x=0} = u\big|_{x=a} = 0 & (0 \leqslant y \leqslant b, 0 \leqslant z < c), \\ u\big|_{y=0} = u\big|_{y=b} = 0 & (0 \leqslant x \leqslant a, 0 \leqslant z < c). \end{cases}$$

如果将题中的槽形导体改为无限长的条形导体,条形导体的三面接地,且一面电势为 u_0,又设电势为 u_0 的一面与相邻的另外两面相接触处绝缘. 试写出条形导体内电势分布的定解问题.

设沿 z 轴方向导体的长度为无限长,由对称性显然可知条形导体内的电势不依赖于 z,问题简化为二维问题. 取坐标系如图 2.4 所示,则电势 u 满足定解问题

$$\begin{cases} \Delta_2 u = u_{xx} + u_{yy} = 0 & (0 < x < a, 0 < y < b), \\ u\big|_{y=b} = u_0 & (0 < x < a), \\ u\big|_{y=0} = 0 & (0 \leqslant x \leqslant a), \\ u\big|_{x=0} = u\big|_{x=a} = 0 & (0 \leqslant y < b). \end{cases}$$

图 2.3

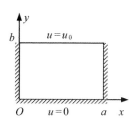

图 2.4

2.3.3　混合问题

如果在空间的某一有界区域 V 上讨论波动方程和热传导方程,它的定解条件中除了前面提到的初始条件外,还包括边界面 S 上的情况,和静电场的三类边界条件类似. 热传导方程的三类边界条件如下:

第一类边界条件:已知 S 上的物体温度

$$u\,|_S = \mu(t,x,y,z), \quad (x,y,z) \in S, t > 0. \tag{2.3.14}$$

第二类边界条件:已知沿 S 外法向流出的热量的热流密度 $q_n(t,x,y,z)$,由热传导定律,有

$$\frac{\partial u}{\partial n}\bigg|_S = -\frac{q_n(t,x,y,z)}{k}, \quad (x,y,z) \in S, t > 0. \tag{2.3.15}$$

这里 $\partial/\partial n$ 是边界面 S 的外法向导数, q_n 为前文中介绍的热流密度向量的法向分量. 若 $q_n \equiv 0$,则表示物体的表面 S 是绝热的.

第三类边界条件:温度高于周围环境的物体向周围媒质传递热量逐渐冷却时,在物体的边界面处,和外部介质有热交换. 热交换过程遵循牛顿冷却定律:单位时间从单位面积散失的热量与温度差成正比,即

$$q_n = h(u - \theta). \tag{2.3.16}$$

式中, u 和 $\theta = \theta(t,x,y,z)$ 分别表示物体和介质在表面处的温度; $h = h(x,y,z)$ 称为物质的**对流传热系数**,取正值. 把 q_n 代入式(2.3.15),可得第三类边界条件为

$$\left(k\frac{\partial u}{\partial n} + hu\right)\bigg|_S = h\theta. \tag{2.3.17}$$

如果以上三类边界条件的右端恒等于零(即 μ ,q_n ,θ 恒为零),则称为**齐次边界条件**;否则,称为**非齐次边界条件**.

对于一维的热传导问题,区域($0 \leqslant x \leqslant l$)的边界是两个端点,这时

$$\left.\frac{\partial u}{\partial n}\right|_{x=0} = -\left.\frac{\partial u}{\partial x}\right|_{x=0}, \quad \left.\frac{\partial u}{\partial n}\right|_{x=l} = \left.\frac{\partial u}{\partial x}\right|_{x=l}, \tag{2.3.18}$$

所以第三类边界条件成为

$$\left.\left(-k\,\frac{\partial u}{\partial x} + hu\right)\right|_{x=0} = h(0)\theta(t,0),$$

$$\left.\left(k\,\frac{\partial u}{\partial x} + hu\right)\right|_{x=l} = h(l)\theta(t,l). \tag{2.3.19}$$

定解问题的边界条件,有时还可能是在一部分边界上给出一类边界条件,而在边界的另一部分上给出其他类边界条件.

热传导方程是发展方程,温度不仅依赖于空间变量,还随时间变化. 以一维热传导为例,设有一根长为 l 的均匀细杆,细杆的侧表面与周围介质没有热交换,其内部有密度为 $g(t,x)$ 的热源. 已知杆的初始温度为 $\varphi(x)$,杆的右端绝热,左端与周围介质有热交换,则杆内温度分布 $u(t,x)$ 的定解问题是

$$\begin{cases} u_t = a^2 u_{xx} + f(t,x), \quad f(t,x) = \dfrac{g(t,x)}{c\rho}, 0 < x < l, t > 0, \\ u(0,x) = \varphi(x), \\ \left.\left(hu - k\,\dfrac{\partial u}{\partial x}\right)\right|_{x=0} = h(0)\theta(t,0), \quad \left.\dfrac{\partial u}{\partial x}\right|_{x=l} = 0. \end{cases} \tag{2.3.20}$$

这种既附有初始条件又附有边界条件的定解问题称为**混合问题**.

关于弦振动方程的边界条件,最常见的是固定点边界条件. 例如,弦的两个端点($x=0$ 和 $x=l$)固定,则有

$$u(t,0) = 0, \quad u(t,l) = 0,$$

这是第一类齐次边界条件. 如果弦的两端按某种已知的规律运动,则有

$$u(t,0) = \mu(t), \quad u(t,l) = \nu(t),$$

这是第一类非齐次边界条件.

如果弦的两端分别受到与 x 轴方向垂直的外力 $\mu(t)$ 及 $\nu(t)$ 的作用,从前面建立弦振动方程的讨论中我们知道,弦的两端所受到的张力在 u 轴方向的分量分别是 $Tu_x(t,0)$ 和 $-Tu_x(t,l)$. 于是

$$Tu_x(t,0) + \mu(t) = 0, \quad -Tu_x(t,l) + \nu(t) = 0,$$

即

$$u_x(t,0) = \mu_1(t), \quad u_x(t,l) = \nu_1(t)$$

这里 $\mu_1(t)=-\mu(t)/T$，$\nu_1(t)=\nu(t)/T$ 是已知函数，这是第二类非齐次边界条件. 特别地，当

$$u_x(t,0)=0, \quad u_x(t,l)=0$$

时，表明弦的两端不受垂直方向的外力，弦的两端可以在垂直于 x 轴的直线上自由滑动，这种边界称为**自由端**.

现在设想把弦固定在弹簧的自由端，这时弦的两个端点除受到上文所说的张力及外力外，还分别受到弹性力 $-ku(t,0)$ 和 $-ku(t,l)$（k 为弹性系数），于是

$$Tu_x(t,0)-ku(t,0)+\mu(t)=0,$$
$$-Tu_x(t,l)-ku(t,l)+\nu(t)=0,$$

这时两端就是第三类边界条件

$$(Tu_x-ku)\big|_{x=0}=\mu_1(t),$$
$$(Tu_x+ku)\big|_{x=l}=\nu(t).$$

这里 $\mu_1(t)=-\mu(t)$ 和 $\nu(t)$ 都是已知函数.

2.3.4　定解问题的适定性概念

上面对三类方程从物理学的视角提出了定解问题，这些定解问题都是在一定的理想化假设下归纳出来的. 这自然会让人产生如下疑问：这样归纳出来的定解问题是否合适？这些问题能否在一定程度上符合实际情况？这是偏微分方程理论中的一个重要课题，从数学角度来看，它包括以下三个问题：

（1）**解的存在性问题**：研究在一定的定解条件下，方程是否有解.

（2）**解的唯一性问题**：研究在给定的定解条件下，方程的解是否唯一.

从物理意义上看，存在性和唯一性似乎不成问题，因为自然现象本身就回答了这个问题. 但是，我们从自然现象中归纳出数学模型时，总要作一些近似，并提出一些附加的要求. 特别是对于提出的定解条件，可能出现以下两种情况：一是定解条件过多，或者互相矛盾，不能同时满足，相应的定解问题的解不存在，这样的定解问题就不能用来描述任何物理过程；二是定解条件较少，使得定解问题的解不唯一，这样的定解问题也不能用来描述一个确定的物理过程. 总之，存在性和唯一性的研究，可以使我们恰到好处地提出泛定方程的定解条件.

另外，从数学角度来看，存在性的研究往往就是一个提供求解方法的过程；而唯一性则保证不论采用什么方法，只要能找出既满足方程又符合定解条件的解，就达到了求解定解问题的目的. 以求解平面静电场的边值问题为例，

有许多不同的求解方法,如分离变量法、格林函数方法、保角变换方法等. 同一边值问题用不同的方法,得到的解从形式上看可能很不一样. 如果从理论上证明了解的唯一性,则各种形式不同的解必相等. 而要用直接计算来验证这一点,有时却是很困难的.

(3) **解的稳定性问题**:研究在一定的意义下当定解条件做很小的变化时,问题的解是否也做很小的变化. 用数学语言来讲,就是研究解对定解条件的连续依赖性.

这个问题的重要性是显然的,因为测量总会有误差,所以实际问题中通过测量而给出的定解条件是近似的. 如果问题的解是稳定的,就能保证所得到的解近似地反映自然现象. 相反地,当定解条件很接近时,对应的解却可以相差很大,这样就无法保证我们所获得的解的可靠性.

同时,解的存在性、唯一性和稳定性,也是当前大量使用数值方法求解偏微分方程的充分保证,而稳定性更是必要的基础.

定解问题的存在性、唯一性和稳定性统称为定解问题的**适定性**. 如果一个定解问题的解存在、唯一且稳定,我们就称这个定解问题在阿达玛(Hadamard)意义下是适定的,简称为**适定的**. 对于我们在前面所讲到的各种定解问题,在偏微分方程中已经证明了在一定条件下它们的提法都是适定的.

2.3.5 线性算子和叠加原理

解定解问题的一个重要方法是先设法求出一族带参数 λ 的特解 $\{u_\lambda\}$,然后把这一族特解线性叠加,即先设

$$u = \sum_\lambda c_\lambda u_\lambda,$$

再根据定解条件去确定常数 c_λ. 本书以下的大部分篇幅就是讲这个方法. 在这个方法中,叠加原理起着重要作用. 为此,下面先介绍一下叠加原理.

许多物理现象都具有叠加性:几种不同的因素同时出现时所产生的效果,等于各个因素单独出现时所产生的效果的总和(叠加). 例如,多个点电荷所产生的总电势,等于各个电荷单独产生的电势的叠加. 又如,我们熟知的力学中的力的独立作用原理,也是一种叠加性. 这种叠加性反映到数理方程中来,就是描述这种具有叠加性的物理现象的定解问题,不仅泛定方程是线性的,而且定解条件也是线性的. 这种定解问题称为**线性定解问题**.

我们通常把一个函数类(定义域)到另一个函数类(值域)的映射称为**算子**或**算符**,如二阶微分算子 —— 拉普拉斯算子 Δ. 如果我们用 L 代表一般的

二阶微分算子,即

$$L = \sum_{i,j=1}^{n} a_{ij} \frac{\partial^2}{\partial x_i \partial x_j} + 2\sum_{i=1}^{n} b_i \frac{\partial}{\partial x_i} + c, \tag{2.3.21}$$

则一般形式的二阶常系数线性偏微分方程可以表示为

$$Lu = f. \tag{2.3.22}$$

最一般的线性边界条件(它包括了三类边界条件)为

$$\left(\alpha u + \beta \frac{\partial u}{\partial n} \right) \Big|_s = \varphi,$$

这里 α, β, φ 是已知函数. 该边界条件也可以写成算子的形式:

$$Mu \mid_s = \left(\alpha + \beta \frac{\partial}{\partial n} \right) u \mid_s = \varphi.$$

除了微分算子外,还有许多其他类型的算子,如拉普拉斯变换和傅里叶变换:

$$L[f] = \int_0^{+\infty} f(t) e^{-pt} dt, \quad F[f] = \int_{-\infty}^{+\infty} f(x) e^{i\lambda x} dx.$$

我们定义具有下列性质的算子为线性算子:

(1) 常数 c 可以从算子中提取出来,即

$$L[cu] = cLu. \tag{2.3.23}$$

(2) 算子作用于两个函数之和所得到的结果等于算子分别作用于两个函数所得到的结果的和,即

$$L[u_1 + u_2] = Lu_1 + Lu_2. \tag{2.3.24}$$

性质(1) 和(2) 可以合写成

$$L[c_1 u_1 + c_2 u_2] = c_1 Lu_1 + c_2 Lu_2, \tag{2.3.25}$$

这里 c_1, c_2 都是常数. 这个式子就是前面讲过的叠加原理. 常用的叠加原理有以下几种形式:

叠加原理 1:设 u_i 满足线性方程(或线性定解条件)

$$Lu_i = f_i \quad (i=1,2,\cdots,n), \tag{2.3.26}$$

那么它们的线性组合 $u = \sum_{i=1}^{n} c_i u_i$ 必满足方程(或定解条件)

$$Lu = \sum_{i=1}^{n} c_i f_i. \tag{2.3.27}$$

叠加原理 2:设 u_i 满足线性方程(或线性定解条件)

$$Lu_i = f_i \quad (i=1,2,\cdots), \tag{2.3.28}$$

又设级数 $u = \sum_{i=1}^{\infty} c_i u_i$ 收敛,并且满足算子 L 中所出现的偏导数与求和记号交

换次序所需要的条件,一般可设 u_i 的这些偏导数连续,且相应的级数一致收敛. 那么 u 满足线性方程(或定解条件)

$$Lu = \sum_{i=1}^{\infty} c_i f_i. \qquad (2.3.29)$$

叠加原理 3:设 $u(M, M_0)$ 满足线性方程(或线性定解条件)

$$Lu = f(M, M_0), \qquad (2.3.30)$$

其中 M 表示自变量组,M_0 表示参数组. 又设在区域 V 内对参数组 M_0 的积分

$$U(M) = \int_V u(M, M_0) \mathrm{d}M_0 \qquad (2.3.31)$$

收敛,并且满足 L 中出现的偏导数与积分交换次序所需要的条件. 若 u 的这些偏导数连续,且相应积分一致收敛,则 $U(M)$ 满足方程(或定解条件)

$$LU(M) = \int_V f(M, M_0) \mathrm{d}M_0. \qquad (2.3.32)$$

特别地,当 u 满足齐次方程(或齐次定解条件)时,U 也满足此齐次方程(或齐次定解条件).

叠加原理 $1 \sim 3$ 的证明很容易,只要把微分算子 L 与求和(或积分)运算交换次序即可. 例如,对于叠加原理 3,证明过程如下:

$$LU(M) = L\left[\int_V u(M, M_0) \mathrm{d}M_0\right] = \int_V Lu(M, M_0) \mathrm{d}M_0 = \int_V f(M, M_0) \mathrm{d}M_0.$$

叠加原理的运用是常见的求解方法,它能够把复杂的定解问题分解成一些较简单的定解问题,从而使问题变得较容易处理.

【**例 2.6**】 求二维泊松方程 $\Delta_2 u = x^2 + 3xy + y^2$ 的一般解.

解 利用叠加原理 1 求解. 先求出方程的一个特解 u_1,由于右端是一个二元二次齐次多项式,故可设 u_1 为四次多项式,即

$$u_1 = ax^4 + bx^3 y + cy^4.$$

代入方程,得

$$\Delta_2 u_1 = 12ax^2 + 6bxy + 12cy^2 = x^2 + 3xy + y^2,$$

比较两边系数,得

$$a = \frac{1}{12}, \quad b = \frac{1}{2}, \quad c = \frac{1}{12},$$

于是

$$u_1 = \frac{1}{12}(x^4 + 6x^3 y + y^4).$$

再令 $u = u_1 + v$,代入方程,得

$$v_{xx} + v_{yy} = 0,$$

作替换 $x = \xi$，$y = \mathrm{i}\eta$，则

$$v_{\xi\xi} - v_{\eta\eta} = 0,$$

所以

$$v = f(\xi - \eta) + g(\xi + \eta) = f(x - \mathrm{i}y) + g(x + \mathrm{i}y),$$

其中 f，g 为任意两个二次可微函数. 这样可得到一般解为

$$u = f(x - \mathrm{i}y) + g(x + \mathrm{i}y) + \frac{1}{12}(x^4 + 6x^3 y + y^4).$$

§2.4　无界弦的自由振动

一个定解问题提出后，就要求出它的解. 在常微分方程的初始问题中，可以先求出通解，然后把初始条件代入通解，以确定任意常数，从而求得初始问题的解. 这种由一般解求特解的方法，对于为数不多的偏微分方程的定解问题是可行的. 一个典型的例子是求解无界弦的自由振动问题：

$$\begin{cases} u_{tt} = a^2 u_{xx} \quad (-\infty < x < +\infty, t > 0), \\ u(0, x) = \varphi(x), \quad u_t(0, x) = \psi(x). \end{cases} \tag{2.4.1}$$

我们已经知道一维齐次波动方程的通解是

$$u = f(x - at) + g(x + at), \tag{2.4.2}$$

再由所给的初始条件，则有

$$u(0, x) = f(x) + g(x) = \varphi(x), \tag{2.4.3}$$

$$u_t(0, x) = -af'(x) + ag'(x) = \psi(x). \tag{2.4.4}$$

对式(2.4.4)积分，可得

$$-f(x) + g(x) = \frac{1}{a}\int_0^x \psi(\xi)\mathrm{d}\xi + c, \tag{2.4.5}$$

将式(2.4.3)和式(2.4.5)联立，解之则有

$$f(x) = \frac{\varphi(x)}{2} - \frac{1}{2a}\int_0^x \psi(\xi)\mathrm{d}\xi - \frac{c}{2},$$

$$g(x) = \frac{\varphi(x)}{2} + \frac{1}{2a}\int_0^x \psi(\xi)\mathrm{d}\xi + \frac{c}{2}.$$

于是可得到所求解为

$$\begin{aligned} u(t, x) &= f(x - at) + g(x + at) \\ &= \frac{\varphi(x - at) + \varphi(x + at)}{2} + \frac{1}{2a}\int_{x-at}^{x+at} \psi(\xi)\mathrm{d}\xi. \end{aligned} \tag{2.4.6}$$

这就是一维波动方程柯西问题的解的表达式,这个公式叫作**达朗贝尔公式**.

解一个定解问题,一般包括三个步骤.上述解题过程只是走完了第一步——分析,即从数学和物理角度出发,把所要求的解找出来.这样做时,可以不必严格注意所进行的各种运算的合理性.例如,对已知函数的可微性的要求;级数是否收敛,是否可以逐项微分;积分次序是否可以交换;等等.第二个步骤是综合,就是在一定的条件下,严格论证所得到的函数确是问题的解,即满足泛定方程和定解条件.不难验证,当 $\varphi(x) \in C^2$,$\psi(x) \in C^1$ 时,由达朗贝尔公式所给出的函数,确是上述定解问题的解.今后我们在解定解问题时,一般直接省略这一步骤.第三个步骤是解释,即对所得到的解进行物理解释.

下面来看看达朗贝尔公式的物理意义.我们一般把波动方程的任何一个解都叫作一个**波**.一维波动方程的一般解

$$u = f(x - at) + g(x + at)$$

中,包括两个部分:

$$u_1 = f(x - at), \quad u_2 = g(x + at).$$

这里 u_1 在初始时刻的波形为 $u_1(0, x) = f(x)$,到时刻 $t = t_0$ 时,它的波形为

$$u_1(t_0, x) = f(x - at_0).$$

即在时刻 $t = 0$ 点 x 处的扰动状态,在时刻 $t = t_0$ 传到了 $(x + at_0)$ 处,因此 $u_1 = f(x - at)$ 称为**右传播波**或**右行波**,它的传播速度为

$$v = \frac{at_0}{t_0} = a.$$

同理,$u_2 = g(x + at)$ 也是一个单向波,不过它以速度 a 向左传播,称为**左传播波**或**左行波**.综合上面的讨论可知:任何一个一维的波动,都可表示为两个速度为 a 的左、右单向传播波的叠加.

【例 2.7】 求下列初始问题的解:

$$\begin{cases} u_{tt} = a^2 u_{xx}, \\ u(0, x) = \sin x, \quad u_t(0, x) = \cos x. \end{cases}$$

解 由达朗贝尔公式,可得

$$u(t, x) = \frac{1}{2}[\sin(x + at) + \sin(x - at)] + \frac{1}{2a}\int_{x-at}^{x+at} \cos \xi \, d\xi$$

$$= \sin x \cos at + \frac{1}{2a}[\sin(x + at) - \sin(x - at)]$$

$$= \sin x \cos at + \frac{1}{a}\cos x \sin at.$$

令人遗憾的是,上述由通解求定解问题的方法,对于大多数定解问题是不适用的. 这是因为,对许多方程来说,求通解这一步不易做到,即使通解已经求出,要按定解条件去确定通解中的任意函数,往往要解函数方程或函数方程组,这比求解常微分方程中的任意常数要困难得多. 因此,要解偏微分方程中的定解问题,只有另辟蹊径. 下面所讲的分离变量法就是一种行之有效的方法.

§2.5　有界弦的自由振动

分离变量法又称**傅里叶方法**,它是解偏微分方程中定解问题的常用方法之一,能够求解相当多的定解问题,特别是一些常见区域(如矩形、长方体、圆、球、圆柱体等)上的混合问题和边值问题. 分离变量法就是首先通过变量的分离把偏微分方程化为常微分方程,再由边界条件确定本征值和本征函数系;根据 S-L 定理,本征函数系构成完备正交系,因此可以将解表示成按照本征函数系展开的形式.

分离变量法是达朗贝尔于 1750 年在研究两端固定的弦的自由振动的混合问题时引入的. 下面以两端固定的有界弦的自由振动问题

$$\begin{cases} u_{tt} = a^2 u_{xx} & (0 < x < l, t > 0), \quad\text{(A)} \\ u(t,0) = u(t,l) = 0, & \text{(B)} \\ u(0,x) = \varphi(x), \quad u_t(0,x) = \psi(x) & \text{(C)} \end{cases} \tag{2.5.1}$$

为例,来说明这个方法. 一般来说,用分离变量法解题主要包括以下四个步骤:

第一步:分离变量.

这一步的目的是通过变量的分离,把偏微分方程化为常微分方程. 即探求方程的一族形如

$$u = X(x)T(t) \tag{2.5.2}$$

的非零(即不恒等于零) 特解,并且暂时先不考虑初始条件,而只要求它满足边界条件. 由边界条件(B),有

$$u(t,0) = X(0)T(t) = 0, \quad u(t,l) = X(l)T(t) = 0,$$

所以

$$X(0) = X(l) = 0.$$

再将式(2.5.2)代入泛定方程(A),得

$$X(x)T''(t) = a^2 X''(x)T(t),$$

上式两边同除以 $a^2 X(x)T(t)$,得

$$\frac{T''(t)}{a^2 T(t)} = \frac{X''(x)}{X(x)}.$$

此式左端仅是 t 的函数,右端只是 x 的函数,而 x,t 是两个相互独立的变量.所以,只有两边都是常数时,等式才能成立.令这个常数为 $-\lambda$,可得到以下两个常微分方程:

$$\begin{cases} T'' + \lambda a^2 T = 0, \\ X'' + \lambda X = 0, \quad X(0) = X(l) = 0. \end{cases} \tag{2.5.3}$$

第二步:解常微分方程的边值问题,求本征值 λ.

由于方程组(2.5.3)的第二个常微分方程中带有边值条件,这就限制了 λ 的取值,因此我们先求常微分方程的边值问题

$$\begin{cases} X'' + \lambda X = 0, \\ X(0) = X(l) = 0 \end{cases} \tag{2.5.4}$$

的非零解. 分以下三种情况讨论:

(1)若 $\lambda = 0$,这时方程成为 $X'' = 0$,其通解是

$$X = Ax + B.$$

由边界条件 $X(0) = X(l) = 0$,可得 $A = 0, B = 0$. 故此时的边值问题只有零解 $X(x) \equiv 0$. 这就是说,$\lambda = 0$ 是不可能的.

(2)若 $\lambda < 0$,不妨令 $\lambda = -k^2$,这时方程 $X'' - k^2 X = 0$ 的通解是

$$X = A e^{kx} + B e^{-kx}.$$

由边界条件 $X(0) = X(l) = 0$,可得

$$A + B = 0, \quad A e^{kl} + B e^{-kl} = 0.$$

用消去法不难得到 $A = 0, B = 0$,故此时方程也只有零解 $X(x) \equiv 0$,因而 λ 不能取负值.

(3)若 $\lambda > 0$,不妨令 $\lambda = k^2 (k > 0)$,这时方程 $X'' + k^2 X = 0$ 的通解是

$$X = A \cos kx + B \sin kx. \tag{2.5.5}$$

由边界条件 $X(0) = 0$,应有 $A = 0$;再由边界条件 $X(l) = 0$,有

$$B \sin kl = 0.$$

因 B 不能再为零,故必有

$$k = \frac{n\pi}{l} \quad (n = 1,2,3,\cdots) \quad \text{或} \quad \lambda = \left(\frac{n\pi}{l}\right)^2 \quad (n = 1,2,3,\cdots).$$

综上所述,为了使 $X(x)$ 的边值问题有非零解,必须有 $\lambda = (n\pi/l)^2 (n =$

$1,2,\cdots$). 我们把 $\lambda_n=(n\pi/l)^2$ 叫作**本征值**, 与此本征值相应的非零解

$$X_n(x)=B_n\sin\frac{n\pi x}{l} \qquad (2.5.6)$$

称为属于本征值 λ_n 的**本征函数**; B_n 是任意常数, 可视求解问题的方便而选取. 而求本征值和本征函数的边值问题称为**本征值问题**.

把本征值 $\lambda_n=(n\pi/l)^2$ 代入确定 T 的常微分方程, 即求得相应的函数

$$T_n(t)=C_n\cos\frac{n\pi a}{l}t+D_n\sin\frac{n\pi a}{l}t, \qquad (2.5.7)$$

这里 C_n 和 D_n 都是任意常数. 这样就可求得泛定方程(A)满足边界条件的一族解

$$
\begin{aligned}
u_n &= X_n(x)T_n(t)\\
&= \left(C_n\cos\frac{n\pi at}{l}+D_n\sin\frac{n\pi at}{l}\right)\sin\frac{n\pi x}{l}\quad(n=1,2,3,\cdots).
\end{aligned}\qquad(2.5.8)
$$

这里已经把任意常数 B_n 并入任意常数 C_n 和 D_n 中了, 也可以认为 B_n 的取值为 1.

第三步: $u_n(t,x)$ 的叠加.

求得满足泛定方程(A)和边界条件(B)的一族解 u_n 后, 就要考虑初始条件了. 如果试图选择某一个 $u_n(t,x)$ 使它满足初始条件(C), 一般是办不到的. 这是因为

$$u_n(0,x)=C_n\sin\frac{n\pi x}{l}, \qquad \left.\frac{\partial u_n}{\partial t}\right|_{t=0}=D_n\frac{n\pi a}{l}\sin\frac{n\pi x}{l},$$

而初始函数 $\varphi(x)$ 和 $\psi(x)$ 是任意给定的. 但是, 如果我们注意到泛定方程(A)和边界条件(B)都是线性齐次的, 这样将所得的特解串 u_n 叠加起来, 由叠加原理 2 可知, 得到的函数

$$
\begin{aligned}
u(t,x) &= \sum_{n=1}^{\infty}u_n(t,x)\\
&= \sum_{n=1}^{\infty}\left(C_n\cos\frac{n\pi at}{l}+D_n\sin\frac{n\pi at}{l}\right)\sin\frac{n\pi x}{l}
\end{aligned}\qquad(2.5.9)
$$

仍满足泛定方程(A)和边界条件(B). 又因为

$$u(0,x)=\sum_{n=1}^{\infty}C_n\sin\frac{n\pi x}{l}, \qquad (2.5.10)$$

$$u_t(0,x)=\sum_{n=1}^{\infty}\frac{n\pi a}{l}D_n\sin\frac{n\pi x}{l}, \qquad (2.5.11)$$

这就使得我们可能选择系数列 C_n 和 D_n, 使得它满足初始条件(C). 而这正是

我们熟知的在有限区间上函数的傅里叶级数展开问题.

第四步:确定系数 C_n 和 D_n.

把初始条件(C)代入式(2.5.10)和式(2.5.11),可得到

$$\varphi(x) = \sum_{n=1}^{\infty} C_n \sin \frac{n\pi x}{l}, \tag{2.5.12}$$

$$\psi(x) = \sum_{n=1}^{\infty} \frac{n\pi a}{l} D_n \sin \frac{n\pi x}{l}, \tag{2.5.13}$$

于是,由正弦级数的系数公式,可得

$$C_n = \frac{2}{l} \int_0^l \varphi(x) \sin \frac{n\pi x}{l} \mathrm{d}x, \tag{2.5.14}$$

$$D_n = \frac{2}{n\pi a} \int_0^l \psi(x) \sin \frac{n\pi x}{l} \mathrm{d}x. \tag{2.5.15}$$

把这样确定的系数 C_n 和 D_n 代入式(2.5.9),就可得到所求定解问题的解

$$u = \sum_{n=1}^{\infty} \left[\frac{2}{l} \int_0^l \varphi(\xi) \sin \frac{n\pi\xi}{l} \mathrm{d}\xi \cdot \cos \frac{n\pi at}{l} \right.$$
$$\left. + \frac{2}{n\pi a} \int_0^l \psi(\xi) \sin \frac{n\pi\xi}{l} \mathrm{d}\xi \cdot \sin \frac{n\pi at}{l} \right] \sin \frac{n\pi x}{l}. \tag{2.5.16}$$

当然,上面所求得的仍是形式解(即只进行了分析).利用数学分析的知识,不难证明:当 $\varphi(x) \in C^4$, $\psi(x) \in C^3$,且满足条件

$$\varphi(0) = \varphi(l) = \psi(0) = \psi(l) = \varphi''(0) = \varphi''(l) = 0 \tag{2.5.17}$$

时,上面求得的级数解是收敛的,并且可以在积分号下分别对 x 和 t 求二次偏导,从而完成综合步骤.

顺便指出,当 $\varphi(x)$ 和 $\psi(x)$ 不满足上述条件时,一般来说,前面求得的级数所确定的函数 $u(t,x)$ 不具备古典解的要求,它只是所给定解问题的一个形式解.但是,根据傅里叶级数理论,当 $\varphi(x)$ 和 $\psi(x)$ 都是 $[0,l]$ 上的可积且平方可积函数时,由它们的傅里叶级数展开的部分和所成函数列

$$\varphi_n(x) = \sum_{k=1}^{n} C_k \sin \frac{k\pi x}{l}, \quad \psi_n(x) = \sum_{k=1}^{n} \frac{k\pi a}{l} D_k \sin \frac{k\pi x}{l}$$

分别均方收敛于 $\varphi(x)$ 和 $\psi(x)$,其中 C_k 和 D_k 分别由式(2.5.14)与式(2.5.15)确定.现在若把定解问题中的初始条件(C)换成

$$u(0,x) = \varphi_n(x), \quad u_t(0,x) = \psi_n(x),$$

则相应的定解问题的解是

$$S_n(t,x) = \sum_{k=1}^{n} \left(C_k \cos \frac{k\pi at}{l} + D_k \sin \frac{k\pi at}{l} \right) \sin \frac{k\pi x}{l}.$$

当 $n \to \infty$ 时，$S_n(t,x)$ 均方收敛于由式(2.5.9)所给出的形式解. 由于 $S_n(t,x)$ 既满足泛定方程(A)和边界条件(B)，又近似满足初始条件(C)，因此，当 n 充分大时，可以把 $S_n(t,x)$ 看作原来定解问题的近似解，把形式解 $u(t,x)$ 看作原来定解问题的广义解.

为了说明解的物理意义，下面利用三角函数的和差化积公式把级数(2.5.9)中的每一项均改写为

$$u_n = A_n \sin(\omega_n t + \theta_n) \sin \frac{n\pi x}{l} \quad (n = 1,2,3,\cdots),$$

其中

$$A_n = \sqrt{C_n^2 + D_n^2}, \quad \theta_n = \arctan \frac{C_n}{D_n}, \quad \omega_n = \frac{n\pi a}{l}.$$

当弦按照规律 $u_n(t,x)$ 振动时，弦的两个端点始终保持不动，而其余的点都在自己的平衡位置附近做简谐振动：振幅因点而异，等于 $A_n |\sin n\pi x/l|$；频率各点均相同，等于 $n\pi a/l$. 这样一种振动称为两端固定的有界弦的**本征振动**（或驻波）. 因为其频率(ω_n)与初始条件无关，所以也将该频率称为弦的**本征频率**. 我们看到，对于两端固定的有界弦来说，本征频率不是任意的，而是形成了一个离散谱：$\pi a/l, 2\pi a/l, 3\pi a/l, \cdots$ 最低的本征频率 $\pi a/l = \pi(T/\rho)^{1/2}/l$，称为这条弦的**基频**，它与弦长 l 成反比，与张力 T 的平方根成正比. 其余的频率都是基频的整数倍，称为**倍频**.

在任何时刻，弦的形状都是一条正弦曲线. 当 $n \geqslant 2$ 时，弦上除两个端点之外，还有 $(n-1)$ 个点是始终保持静止的，这些点分别是 $x = l/n, 2l/n, \cdots,$ $(n-1)l/n$. 这样的点称为**节点**. 相邻两个节点的中点振幅最大，称为**波腹**.

因为 $u(t,x)$ 是一系列频率不同（成倍增加）、相位(θ_n)不同、振幅不同的驻波的叠加，所以分离变量法又称**驻波法**. 各驻波的振幅和相位都依赖于初值，而频率则与初值无关.

如前所述，弦振动方程的一般解 $u = f(x-at) + g(x+at)$，是两个左、右行波的叠加. 对于本定解问题的级数解(2.5.9)也不例外，由以下推导即可看出. 为方便起见，记 $k_n = n\pi/l$，并代入 $\omega_n = k_n a$，则有

$$
\begin{aligned}
u(t,x) &= \sum_{n=1}^{\infty} (C_n \cos \omega_n t + D_n \sin \omega_n t) \sin k_n x \\
&= \sum_{n=1}^{\infty} \left\{ \frac{C_n}{2} \left[\sin(k_n x - \omega_n t) + \sin(k_n x + \omega_n t) \right] \right. \\
&\quad \left. + \frac{D_n}{2} \left[\cos(k_n x - \omega_n t) - \cos(k_n x + \omega_n t) \right] \right\}
\end{aligned}
$$

$$= \sum_{n=1}^{\infty} \left\{ \frac{C_n}{2} [\sin k_n (x - at) + \sin k_n (x + at)] \right.$$

$$\left. + \frac{D_n}{2} [\cos k_n (x - at) - \cos k_n (x + at)] \right\}$$

$$= \frac{1}{2} \sum_{n=1}^{\infty} [C_n \sin k_n (x - at) + C_n \sin k_n (x + at)]$$

$$+ \frac{1}{2} \sum_{n=1}^{\infty} D_n k_n \int_{x-at}^{x+at} \sin k_n \xi \, \mathrm{d}\xi,$$

再把此式与 $\varphi(x)$ 和 $\psi(x)$ 的傅里叶展开式

$$\varphi(x) = \sum_{n=1}^{\infty} C_n \sin \frac{n\pi}{l} x = \sum_{n=1}^{\infty} C_n \sin k_n x,$$

$$\psi(x) = \sum_{n=1}^{\infty} D_n \frac{n\pi a}{l} \sin \frac{n\pi}{l} x = \sum_{n=1}^{\infty} D_n k_n a \sin k_n x$$

比较,即得

$$u(t, x) = \frac{1}{2} [\varphi(x - at) + \varphi(x + at)] + \frac{1}{2a} \int_{x-at}^{x+at} \psi(\xi) \, \mathrm{d}\xi. \quad (2.5.18)$$

这就将 $u(t, x)$ 化为了前文的达朗贝尔公式. 这里必须注意的是,由于初值 $\varphi(x)$ 和 $\psi(x)$ 都只定义在区间 $[0, l]$ 上,但当 t 充分大时,式(2.5.18)中的变量 $x - at$ 及 $x + at$ 都会超出这个区间,因此式(2.5.18)中的 $\varphi(x)$ 和 $\psi(x)$ 都必须理解为原来与其相应的初始函数经过开拓后的以 $2l$ 为周期的奇函数.

反过来,当对 $\varphi(x)$ 和 $\psi(x)$ 作上述理解时,式(2.5.18)所给出的函数确是两端固定的弦的自由振动问题的解. 事实上,由 $\varphi(x), \psi(x)$ 是周期为 $2l$ 的奇函数,可得

$$u(t, 0) = \frac{1}{2} [\varphi(-at) + \varphi(at)] + \frac{1}{2a} \int_{-at}^{at} \psi(\xi) \, \mathrm{d}\xi = 0,$$

$$u(t, l) = \frac{1}{2} [\varphi(l - at) + \varphi(l + at)] + \frac{1}{2a} \int_{l-at}^{l+at} \psi(\xi) \, \mathrm{d}\xi$$

$$= \frac{1}{2} [\varphi(l - at) + \varphi(-l + at)] + \frac{1}{2a} \int_{-at}^{at} \psi(\eta + l) \, \mathrm{d}\eta$$

$$= \frac{1}{2a} \int_{-at}^{at} \psi(\eta + l) \, \mathrm{d}\eta,$$

再由 $\psi(x)$ 的周期性,有

$$\psi(\eta + l) = \psi(\eta - l) = -\psi(l - \eta) = -\psi(-\eta + l).$$

也就是说,$\psi(\eta + l)$ 也是关于 η 的奇函数,故得

$$u(t, l) = 0.$$

由于式(2.5.18)满足泛定方程(A)和初始条件(C),因此其是式(2.5.1)的解.

§2.6　圆内的电势分布

设有无限长的圆柱体 $x^2+y^2\leqslant R^2$,其内部无电荷分布,而圆柱表面的电势为 $F(x,y)$ $(x^2+y^2=R^2)$,求圆柱体内的电势分布.

由对称性可知,圆柱体内的电势不依赖于 z,设其为 $u(x,y)$. 于是,问题归结为二维拉普拉斯方程在圆内的狄利克莱问题

$$\begin{cases} \dfrac{\partial^2 u}{\partial x^2}+\dfrac{\partial^2 u}{\partial y^2}=0 & (r=\sqrt{x^2+y^2}<R),\\ u\mid_{r=R}=F(x,y), \end{cases} \quad (2.6.1)$$

即求一个在圆 $x^2+y^2=R^2$ 内的调和函数,使它在圆周上取已知值.

采用分离变量法时,需要选取恰当的自变量,而这往往取决于区域的形状. 这里由于是在圆域内求解,所以用极坐标比较方便. 二维拉普拉斯方程在极坐标中可表示为

$$\frac{\partial^2 u}{\partial r^2}+\frac{1}{r}\frac{\partial u}{\partial r}+\frac{1}{r^2}\frac{\partial^2 u}{\partial \theta^2}=0,$$

而整个定解问题则可以改写成如下的形式:

$$\begin{cases} r^2\dfrac{\partial^2 u}{\partial r^2}+r\dfrac{\partial u}{\partial r}+\dfrac{\partial^2 u}{\partial \theta^2}=0 & (r<R,0\leqslant\theta\leqslant 2\pi),\\ u\mid_{r=R}=F(R\cos\theta,R\sin\theta)=f(\theta). \end{cases} \quad (2.6.2)$$

设 $u=R(r)\Phi(\theta)$,把它代入泛定方程,并完成分离变量的步骤,就可得到如下两个常微分方程:

$$\Phi''(\theta)+\lambda\Phi(\theta)=0, \quad (2.6.3)$$
$$r^2R''(r)+rR'(r)-\lambda R(r)=0. \quad (2.6.4)$$

原来给定的边界条件不能再为确定本征值 λ 提供帮助,这就需要挖掘别的条件. 在一般物理问题中,$u(r,\theta)$ 是单值的,也就是对 θ 而言,其应以 2π 为周期,即

$$u(r,0)=u(r,\theta+2\pi). \quad (2.6.5)$$

该条件称为**自然周期条件**或**周期性边界条件**. 由此可知,$\Phi(\theta)$ 也是以 2π 为周期的函数,即

$$\Phi(\theta)=\Phi(\theta+2\pi), \quad (2.6.6)$$

而且这一条件也是线性条件,即任意多个满足这一条件的函数的线性组合仍满足这一条件. 这样,我们就可得到如下本征值问题:

$$\begin{cases} \Phi'' + \lambda\Phi = 0, \\ \Phi(\theta) = \Phi(\theta + 2\pi). \end{cases} \tag{2.6.7}$$

用与前面类似的方法可求出其本征值为

$$\lambda_k = k^2 \quad (k = 0, 1, 2, \cdots). \tag{2.6.8}$$

相应的本征函数为

$$\begin{cases} \Phi_0(\theta) = \dfrac{C_0}{2} \quad (k = 0), \\ \Phi_k(\theta) = C_k \cos k\theta + D_k \sin k\theta \quad (k = 1, 2, \cdots). \end{cases} \tag{2.6.9}$$

于是我们看到,由周期性边界条件可导出三角函数的解. 与此同时,可确定 $R(r)$ 的方程为

$$r^2 R''(r) + rR'(r) - k^2 R(r) = 0. \tag{2.6.10}$$

这是一个欧拉方程,作变换 $t = \ln r$ 后,可求得它的解为

$$\begin{cases} R_0(r) = A_0 + B_0 t = A_0 + B_0 \ln r \quad (k = 0), \\ R_k(r) = A_k e^{kt} + B_k e^{-kt} = A_k r^k + B_k r^{-k} \quad (k = 1, 2, \cdots). \end{cases} \tag{2.6.11}$$

因为当 $r \to 0$ 时,$\ln r$ 与 $r^{-k}(k = 1, 2, \cdots)$ 都趋于无穷,为了保证解的有界性,必有

$$B_k = 0 \quad (k = 0, 1, 2, \cdots). \tag{2.6.12}$$

这样就可得到一串满足定解问题(2.6.2)中的泛定方程和条件 $u(r, \theta) = u(r, \theta + 2\pi)$ 的解

$$\begin{cases} u_0 = \dfrac{C_0}{2} \quad (k = 0), \\ u_k = r^k(C_k \cos k\theta + D_k \sin k\theta) \quad (k = 1, 2, \cdots), \end{cases} \tag{2.6.13}$$

这里已将常数 A_k 并到了 C_k 和 D_k 中.

将 u_k 叠加,可得到仍满足泛定方程和自然周期条件的解

$$u(r, \theta) = \dfrac{C_0}{2} + \sum_{k=1}^{\infty} r^k(C_k \cos k\theta + D_k \sin k\theta). \tag{2.6.14}$$

再由边界条件 $u(R, \theta) = f(\theta)$,就可得到

$$\dfrac{C_0}{2} + \sum_{k=1}^{\infty} R^k(C_k \cos k\theta + D_k \sin k\theta) = f(\theta). \tag{2.6.15}$$

由于三角函数系 $\{\cos k\theta, \sin k\theta\}$ 是区间 $[0, 2\pi]$ 上的完备正交函数集,故由 $f(\theta)$ 的傅里叶展开式可得到

$$C_k = \frac{1}{R^k \pi} \int_0^{2\pi} f(\varphi) \cos k\varphi \, \mathrm{d}\varphi \quad (k=0,1,2,\cdots), \qquad (2.6.16)$$

$$D_k = \frac{1}{R^k \pi} \int_0^{2\pi} f(\varphi) \sin k\varphi \, \mathrm{d}\varphi \quad (k=1,2,\cdots). \qquad (2.6.17)$$

这样就可求得定解问题的解为

$$
\begin{aligned}
u(r,\theta) &= \frac{1}{2\pi} \int_0^{2\pi} f(\varphi)\,\mathrm{d}\varphi + \frac{1}{\pi} \sum_{k=1}^{\infty} \left(\frac{r}{R}\right)^k \left\{ \left[\int_0^{2\pi} f(\varphi) \cos k\varphi \, \mathrm{d}\varphi \right] \cos k\theta \right. \\
&\quad \left. + \left[\int_0^{2\pi} f(\varphi) \sin k\varphi \, \mathrm{d}\varphi \right] \sin k\theta \right\} \\
&= \frac{1}{2\pi} \int_0^{2\pi} f(\varphi) \left[1 + 2\sum_{k=1}^{\infty} \left(\frac{r}{R}\right)^k \cos k(\varphi-\theta) \right] \mathrm{d}\varphi \quad (r<R).
\end{aligned}
$$

$$(2.6.18)$$

为了使解的表达式更加简化,下面我们求出积分号内的无穷级数之和. 为此,命

$$z = \frac{r}{R} \mathrm{e}^{\mathrm{i}(\varphi-\theta)},$$

则

$$\left(\frac{r}{R}\right)^k \cos k(\varphi-\theta) = \operatorname{Re} z^k,$$

$$
\begin{aligned}
1 + 2\sum_{k=1}^{\infty} \left(\frac{r}{R}\right)^k \cos k(\varphi-\theta) &= -1 + 2\sum_{k=0}^{\infty} \left(\frac{r}{R}\right)^k \cos k(\varphi-\theta) \\
&= -1 + 2\operatorname{Re}\left\{ \sum_{k=0}^{\infty} z^k \right\} = -1 + 2\operatorname{Re}\frac{1}{1-z} \\
&= \frac{R^2 - r^2}{R^2 - 2Rr\cos(\varphi-\theta) + r^2}.
\end{aligned}
$$

这样,定解问题的解就可表示为

$$u(r,\theta) = \frac{1}{2\pi} \int_0^{2\pi} f(\varphi) \frac{R^2 - r^2}{R^2 - 2Rr\cos(\varphi-\theta) + r^2} \mathrm{d}\varphi. \qquad (2.6.19)$$

这个公式称为**泊松公式**.

§2.7 非齐次问题

上文举例阐述的分离变量法,求解的是齐次的定解问题,即泛定方程和边

界条件都是线性齐次的. 本节我们讨论如何处理非齐次问题.

2.7.1 齐次边界条件情形

首先我们考察边界条件是齐次的非齐次发展方程的混合问题. 设有一般的定解问题

$$\mathrm{I}:\begin{cases} L_t u + c(t) L_x u = f(t,x) \quad (t>0, x_1<x<x_2), \\ \alpha_1 u_x(t,x_1) - \beta_1 u(t,x_1) = 0, & \text{(A)} \\ \alpha_2 u_x(t,x_2) + \beta_2 u(t,x_2) = 0, & \text{(B)} \\ u(0,x) = \varphi(x), \quad u_t(0,x) = \psi(x), \end{cases} \quad (2.7.1)$$

其中 $\alpha_1, \alpha_2, \beta_1, \beta_2$ 都是非负常数, 且 $|\alpha_i| + |\beta_i| \neq 0 \ (i=1,2)$, 而 L_t 和 L_x 是二阶线性偏微分算子:

$$L_t = a_0(t) \frac{\partial^2}{\partial t^2} + a_1(t) \frac{\partial}{\partial t} + a_2(t), \quad (2.7.2)$$

$$L_x = b_0(x) \frac{\partial^2}{\partial x^2} + b_1(x) \frac{\partial}{\partial x} + b_2(x). \quad (2.7.3)$$

我们已经知道, 当 $f(t,x) \equiv 0$ 时, 对定解问题 I 用分离变量法求解, 可得到本征值问题

$$\begin{cases} L_x X(x) + \lambda X(x) = 0 \quad (x_1 < x < x_2), \\ \alpha_1 X'(x_1) - \beta_1 X(x_1) = 0, \quad \alpha_2 X'(x_2) + \beta_2 X(x_2) = 0. \end{cases} \quad (2.7.4)$$

设它的本征值 λ_n 和本征函数 $X_n(x) \ (n=1,2,\cdots)$ 都已求出, 现在用待定系数法求非齐次定解问题 I 的解. 由施图姆-刘维尔定理, $\{X_n(x)\}$ 是一个完备正交系, 如果把 t 看作参数, $u(t,x)$ 可按函数系 $\{X_n(x)\}$ 展开成广义傅里叶级数:

$$u(t,x) = \sum T_n(t) X_n(x). \quad (2.7.5)$$

它满足边界条件 (A) 和 (B), 其中 $T_n(t) \ (n=1,2,\cdots)$ 是待定系数. 由于 $\{X_n(x)\}$ 是完备正交系, 因此, $f(t,x), \varphi(x), \psi(x)$ 的展开式分别为

$$\begin{cases} f(t,x) = \sum f_n(t) X_n(x), \\ \varphi(x) = \sum \varphi_n X_n(x), \\ \psi(x) = \sum \psi_n X_n(x), \end{cases} \quad (2.7.6)$$

其中函数 $f_n(t)$ 和常数 φ_n, ψ_n 可根据施图姆-刘维尔定理计算得出. 将式 (2.7.5) 和式 (2.7.6) 代入 I 中的泛定方程和初始条件, 可得到

$$\sum L_t T_n(t) X_n(x) + \sum c(t) T_n(t) L_x X_n(x)$$

$$= \sum [L_t T_n - c(t) \lambda_n T_n] X_n(x)$$

$$= \sum f_n(t) X_n(x),$$

$$\sum T_n(0) X_n(x) = \sum \varphi_n X_n(x),$$

$$\sum T_n'(0) X_n(x) = \sum \psi_n X_n(x).$$

由于本征函数线性无关,比较两边系数,可得到一族常微分方程的初值问题:

$$\begin{cases} L_t T_n - c(t) \lambda_n T_n = f_n(t), \\ T_n(0) = \varphi_n, \quad T_n'(0) = \psi_n \end{cases} \quad (n = 1, 2, \cdots). \quad (2.7.7)$$

解这些初值问题求出 $T_n(t)$,再代入式(2.7.5)即可求得定解问题 Ⅰ 的解.

上述解法实质上是把方程中的自由项 $f(t,x)$ 和解都按相应的齐次方程在所给边界条件下的本征函数系展开成级数,然后再通过比较系数的方法求得所需的解.

【例 2.8】 解定解问题

$$\begin{cases} u_t = a^2 u_{xx} + A \sin \omega t \quad (0 < x < l, t > 0), \\ u_x(t,0) = 0, \quad u_x(t,l) = 0, \\ u(0,x) = 0. \end{cases}$$

解 先用分离变量法处理相应的齐次方程 $u_t = a^2 u_{xx}$,其在所给边界条件 $u_x(t,0) = 0, u_x(t,l) = 0$ 下的本征值问题是

$$X'' + \lambda X = 0, \quad X'(0) = X'(l) = 0,$$

由此可得本征函数系为

$$\left\{ \cos \frac{n\pi}{l} x \right\} \quad (n = 0, 1, 2, \cdots).$$

这样,我们就设原问题的解是余弦级数,即

$$u(t,x) = \sum_{n=0}^{\infty} T_n(t) \cos \frac{n\pi}{l} x,$$

代入泛定方程,可得

$$\sum_{n=0}^{\infty} \left[T_n' + \left(\frac{n\pi a}{l} \right)^2 T_n \right] \cos \frac{n\pi}{l} x = A \sin \omega t.$$

把 t 看作参数,右边 $A \sin \omega t$ 已是余弦级数,不过它只是相应于 $n = 0$ 的一项.
比较上式两边的系数,即得

$$T_0' = A\sin \omega t,$$

$$T_n' + \left(\frac{n\pi a}{l}\right)^2 T_n = 0 \quad (n=1,2,\cdots).$$

再考虑到初始条件

$$u(0,x) = \sum_{n=0}^{\infty} T_n(0)\cos\frac{n\pi}{l}x = 0,$$

则有 $T_n(0)=0(n=0,1,2,\cdots)$,于是解一阶常微分方程,可得

$$T_0 = \frac{A}{\omega}(1-\cos \omega t),$$

$$T_n(t) \equiv 0 \quad (n=1,2,\cdots),$$

所以

$$u(t,x) = \frac{A}{\omega}(1-\cos \omega t).$$

2.7.2 一般的非齐次混合问题

下面我们来考察泛定方程是非齐次的,而且边界条件也是非齐次的情形.
设有定解问题

$$\mathrm{II}: \begin{cases} L_t u + c(t)L_x u = f(t,x) & (t>0, x_1 < x < x_2), \\ \alpha_1 u_x(t,x_1) - \beta_1 u(t,x_1) = g_1(t), \\ \alpha_2 u_x(t,x_2) + \beta_2 u(t,x_2) = g_2(t), \\ u(0,x) = \varphi(x), \quad u_t(0,x) = \psi(x). \end{cases} \tag{2.7.8}$$

由叠加原理,只要将式(2.7.8)稍加变通,我们就可以利用齐次边界条件的处理方法求解.

具体方案如下:令 $u(t,x)=v(t,x)+w(t,x)$,并使 $v(t,x)$ 满足边界条件.由叠加原理,$w(t,x)$ 的边界条件就是齐次的,因而可以按照上文的方法求解.在该方案中,除了要求 $v(t,x)$ 满足边界条件外,没有提出别的条件.于是,为了方便计算,我们可以取简单易求的 $v(t,x)$.比如,取 v 为 x 的线性函数,即设

$$v(t,x) = A(t)x + B(t), \tag{2.7.9}$$

代入边界条件,有

$$\begin{cases} (\alpha_1 - \beta_1 x_1)A - \beta_1 B = g_1(t) \\ (\alpha_2 + \beta_2 x_2)A + \beta_2 B = g_2(t). \end{cases} \tag{2.7.10}$$

当 β_1,β_2 不全为零时,由 α_i,β_i 的非负性及 $\alpha_i+\beta_i \neq 0 \ (i=1,2)$ 可知,上面线

性方程组的系数行列式

$$\Delta = (\alpha_1 \beta_2 + \beta_1 \alpha_2) + \beta_1 \beta_2 (x_2 - x_1) \neq 0, \qquad (2.7.11)$$

因而可解得

$$A(t) = \frac{1}{\Delta}(\beta_2 g_1 + \beta_1 g_2), \qquad (2.7.12)$$

$$B(t) = \frac{1}{\Delta}[(\alpha_1 - \beta_1 x_1) g_2 - (\alpha_2 + \beta_2 x_2) g_1]. \qquad (2.7.13)$$

再将 $u(t,x) = w(t,x) + v(t,x)$，代入定解问题 Ⅱ，就可把非齐次边界条件化为齐次边界条件，从而可得到 $w(t,x)$ 的定解问题

$$\begin{cases} L_t w + c(t) L_x w = f_1(t,x) \quad (t>0, x_1 < x < x_2), \\ (\alpha_1 w_x - \beta_1 w)|_{x=x_1} = 0, \quad (\alpha_2 w_x + \beta_2 w)|_{x=x_2} = 0, \qquad (2.7.14) \\ w(0,x) = \varphi_1(x), \quad w_t(0,x) = \psi_1(x). \end{cases}$$

这里

$$\begin{cases} f_1(t,x) = f(t,x) - [L_t v + c(t) L_x v], \\ \varphi_1(x) = \varphi(x) - v(0,x), \\ \psi_1(x) = \psi(x) - v_t(0,x). \end{cases}$$

【例 2.9】　设弦的一端 $(x=0)$ 固定，另一端 $(x=l)$ 以 $\sin \omega t$（$\omega \neq n\pi a / l, n = 1, 2, \cdots$）为周期进行振动，且初值为零，试研究弦的自由振动.

解　依题意，可得定解问题

$$\begin{cases} u_{tt} = a^2 u_{xx} \quad (0 < x < l, t > 0), \qquad \text{(C)} \\ u(t,0) = 0, \quad u(t,l) = \sin \omega t \quad \left(\omega \neq \frac{n\pi a}{l}\right), \quad \text{(D)} \\ u(0,x) = 0, \quad u_t(0,x) = 0. \end{cases}$$

由于边界条件是非齐次的，因此首先应把边界条件齐次化. 按上述的一般方法，求出满足边界条件（D）的函数

$$v(t,x) = \frac{x}{l} \sin \omega t,$$

再令

$$u(t,x) = w(t,x) + \frac{x}{l} \sin \omega t,$$

可得

$$\begin{cases} w_{tt} = a^2 w_{xx} + \dfrac{\omega^2 x}{l}\sin\omega t, \\ w(t,0)=0, \quad w(t,l)=0, \\ w(0,x)=0, \quad w_t(0,x)=-\dfrac{\omega x}{l}. \end{cases}$$

接下来就可以按照齐次边界条件的方法求解 $w(t,x)$，这就是上述一般方法的步骤. 不过对于这个具体问题而言，通过利用其中特殊的非齐次边界条件，可以简化计算. 我们尝试选取既满足泛定方程(C)又满足边界条件(D)的 $v(t,x)$，令 $u(t,x)=v(t,x)+w(t,x)$，得到的关于 $w(t,x)$ 的泛定方程也是齐次的，计算就会变得相对简单.

为此，令
$$v(t,x)=X(x)\sin\omega t,$$
由边界条件(D)，可知 $X(0)=0,X(l)=1$，把 $v(t,x)$ 代入泛定方程(C)，且消去 $\sin\omega t$，可得
$$X''(x)+\frac{\omega^2}{a^2}X(x)=0,$$
所以
$$X(x)=C_1\cos\frac{\omega x}{a}+C_2\sin\frac{\omega x}{a}.$$
由 $X(0)=0$，得 $C_1=0$；再由 $X(l)=1$，得
$$C_2=\frac{1}{\sin(\omega l/a)}, \quad X(x)=\frac{1}{\sin(\omega l/a)}\sin\frac{\omega x}{a}.$$
从而
$$v(t,x)=\frac{\sin(\omega x/a)}{\sin(\omega l/a)}\sin\omega t.$$
再令 $u(t,x)=w(t,x)+v(t,x)$，代入原定解问题，就可得到关于 w 的定解问题
$$\begin{cases} w_{tt}=a^2 w_{xx}, \\ w(t,0)=0, \quad w(t,l)=0, \\ w(0,x)=0, \quad w_t(0,x)=-\omega\,\dfrac{\sin(\omega x/a)}{\sin(\omega l/a)}, \end{cases}$$
易得
$$w(t,x)=2\omega al\sum_{n=1}^\infty \frac{(-1)^{n+1}}{(\omega l)^2-(n\pi a)^2}\sin\frac{n\pi at}{l}\sin\frac{n\pi x}{l}.$$

最后,把 $v(t,x)$ 和 $w(t,x)$ 加起来,即得到原定解问题的解.

2.7.3　泊松方程的边值问题

设有空间区域 V 内的泊松方程第一边值问题

$$\begin{cases} \dfrac{\partial^2 u}{\partial x^2} + \dfrac{\partial^2 u}{\partial y^2} + \dfrac{\partial^2 u}{\partial z^2} = f(x,y,z) & ((x,y,z) \in V), \\ u\big|_S = \varphi(x,y,z), \end{cases} \tag{2.7.15}$$

这里 S 是区域 V 的边界. 当 $f(x,y,z)$ 和区域 V 比较特殊时,可以用特解法求解. 即先求出方程的一个特解 $v(x,y,z)$,然后利用叠加原理求解. 令

$$u(x,y,z) = w(x,y,z) + v(x,y,z),$$

把它代入原定解问题,便得拉普拉斯方程的第一边值问题

$$\begin{cases} \Delta_3 w = 0 & ((x,y,z) \in V), \\ w\big|_S = \varphi(x,y,z) - v(x,y,z). \end{cases}$$

【例 2.10】　解环形域 $a^2 \leqslant x^2 + y^2 \leqslant b^2$ 内的定解问题

$$\begin{cases} \dfrac{\partial^2 u}{\partial x^2} + \dfrac{\partial^2 u}{\partial y^2} = 12(x^2 - y^2), \\ u\big|_{x^2+y^2=a^2} = 1, \quad \dfrac{\partial u}{\partial n}\bigg|_{x^2+y^2=b^2} = 0. \end{cases}$$

解　由于方程右端是关于 x,y 的二次齐次多项式 $12(x^2 - y^2)$,故可设方程有特解

$$v(x,y) = ax^4 + by^4,$$

代入方程并比较两边系数,即可求得 $a=1, b=-1$. 因而

$$v = x^4 - y^4 = (x^2 + y^2)(x^2 - y^2) = r^4 \cos 2\theta,$$

这里 r,θ 是极坐标系中的变量.

由于是环形区域,故采用极坐标比较方便. 令 $u = v + w$,可得到定解问题

$$\begin{cases} \Delta_2 w = 0 & (a < r < b), \\ w(a,\theta) = u(a,\theta) - v(a,\theta) = 1 - a^4 \cos 2\theta, \\ w_r\big|_{r=b} = (u_r - v_r)\big|_{r=b} = -4b^3 \cos 2\theta. \end{cases}$$

由 2.6 节的结论,极坐标系下拉普拉斯方程的一般解为

$$w - \frac{A_0}{2} + B_0 \ln r + \sum_{n=1}^{\infty} (A_n \cos n\theta + B_n \sin n\theta)(C_n r^n + D_n r^{-n}).$$

根据边界条件的形式,可设

$$w = \frac{A_0}{2} + B_0 \ln r + (C_2 r^2 + D_2 r^{-2}) \cos 2\theta,$$

将边界条件代入,则有

$$1 - a^4 \cos 2\theta = \frac{A_0}{2} + B_0 \ln a + (C_2 a^2 + D_2 a^{-2})\cos 2\theta,$$

$$-4b^3 \cos 2\theta = B_0 \frac{1}{b} + (2C_2 b - 2D_2 b^{-3})\cos 2\theta.$$

比较两边的系数,可得

$$\begin{cases} \dfrac{B_0}{b} = 0, \\ \dfrac{A_0}{2} + B_0 \ln a = 1 \end{cases} \quad 及 \quad \begin{cases} C_2 a^2 + D_2 a^{-2} = -a^4, \\ C_2 b - D_2 b^{-3} = -2b^3, \end{cases}$$

解之得

$$B_0 = 0, \quad A_0 = 2, \quad C_2 = -\frac{a^6 + 2b^6}{a^4 + b^4}, \quad D_2 = \frac{-a^4 b^4 (a^2 - 2b^2)}{a^4 + b^4}.$$

所以所求定解问题的解为

$$u = v + w$$
$$= 1 + \left[r^4 - \frac{a^6 + 2b^6}{a^4 + b^4} r^2 - \frac{a^4 b^4 (a^2 - 2b^2)}{a^4 + b^4} \right] \cos 2\theta.$$

习题二

1.用所要求的两种方法,证明

$$u = \frac{1}{r}, \quad r = \sqrt{x^2 + y^2 + z^2} \quad (r \neq 0)$$

满足三维拉普拉斯方程 $\Delta_3 u = 0$.

(1)用直角坐标方程;

(2)用球坐标方程

$$\Delta_3 u = \frac{1}{r^2} \frac{\partial}{\partial r}\left(r^2 \frac{\partial u}{\partial r} \right) + \frac{1}{r^2 \sin \theta} \frac{\partial}{\partial \theta}\left(\sin \theta \frac{\partial u}{\partial \theta} \right) + \frac{1}{r^2 \sin^2 \theta} \frac{\partial^2 u}{\partial \varphi^2} = 0.$$

2.求二维拉普拉斯方程 $\Delta_2 u = \frac{\partial^2 u}{\partial x^2} + \frac{\partial^2 u}{\partial y^2} = 0$ 的形如 $u = u(r)(r = \sqrt{x^2 + y^2} \neq 0)$ 的解.

提示:把所给方程写成极坐标形式,则方程将变成常微分方程.

3.设 $F(\xi), G(\xi)$ 是任意二次可微函数,λ_1, λ_2 为常数,且 $\lambda_1 \neq \lambda_2$,验证

$$u = F(x + \lambda_1 y) + G(x + \lambda_2 y)$$

满足方程

$$u_{yy} - (\lambda_1 + \lambda_2) u_{xy} + \lambda_1 \lambda_2 u_{xx} = 0.$$

4.验证 $u = \dfrac{1}{\sqrt{t}} \mathrm{e}^{-\frac{(x-\xi)^2}{4a^2 t}} (t > 0)$ 满足方程 $u_t = a^2 u_{xx}$ 和 $\lim\limits_{t \to 0} u(t, x) = 0 (x \neq \xi)$.

5.求方程 $u_{xx} - 4u_{yy} = \mathrm{e}^{2x+y}$ 的形如 $u = \alpha x \mathrm{e}^{2x+y}$ 的特解.

6.证明 $u = f(xy)$ 满足方程 $xu_x - yu_y = 0$.

7.设 $u = u(x, y, z)$，求方程

$$u_{xy} + u_x = 0$$

的通解.

8.设有一根绝对柔软而均匀的弦线，其长为 l，且上端 $(x = 0)$ 固定.在本身重力的作用下，此弦处于铅直的平衡位置.试推导出此弦相对于竖直线做微小横振动的方程式.

9.设有一根具有绝热的侧表面的均匀细杆，它的初始温度为 $\varphi(x)$，且两端满足下列边界条件之一：

(1) 一端 $(x = 0)$ 绝热，另一端 $(x = l)$ 保持常温 u_0;

(2) 两端分别有恒定的热流密度 q_1 和 q_2 进入；

(3) 一端 $(x = 0)$ 的温度为 $\mu(t)$，另一端 $(x = l)$ 与温度为 $\theta(t)$ 的介质有热交换.

试分别写出上述三种热过程的定解问题.

10.已知一根长为 l 且两端 $(x = 0$ 和 $x = l)$ 固定的弦，用手把它的中点朝横向拨开距离 h，然后放手任其自由振动，试写出此弦振动的定解问题.

11.求解下列定解问题：

(1) $\begin{cases} \dfrac{\partial u}{\partial t} = x^2, \\ u(0, x) = x^2. \end{cases}$

(2) $\begin{cases} \dfrac{\partial u}{\partial t} = a \dfrac{\partial u}{\partial x}, \\ u(0, x) = x^2. \end{cases}$

提示：先作变量代换 $\xi = x + at, \eta = t$.

(3) $\begin{cases} u_{tt} = a^2 u_{xx}, \\ u(0, x) = \sin x, \quad u_t(0, x) = kx \end{cases}$ （k 为常数）.

(4) $\begin{cases} u_{tt} = a^2 u_{xx} + kx, \\ u(0, x) = \cos x, \quad u_t(0, x) = 0. \end{cases}$

提示:先求出一个函数 $v(x)$,使其满足 $a^2 v_{xx} + kx = 0$,然后令 $u = v + w$,再解关于 $w(t, x)$ 的定解问题.

(5)球对称的三维波动方程的初始问题 $\begin{cases} u_{tt} = a^2 \Delta_3 u, \\ u \mid_{t=0} = \varphi(r), \quad u_t \mid_{t=0} = \psi(r). \end{cases}$

提示:先利用球坐标将方程化为 $u_{tt} = a^2 \left(u_{rr} + \dfrac{2}{r} u_r \right)$,再令 $v = ru$ 就可将方程化成弦振动方程.

(6) $\begin{cases} \Delta_3 u = 0 \quad (x^2 + y^2 + z^2 < 1), \\ u \mid_{x^2 + y^2 + z^2 = 1} = (5 + 4y)^{-1/2}. \end{cases}$

提示:当 $x_0^2 + y_0^2 + z_0^2 > 1$ 时,$u = \left[(x - x_0)^2 + (y - y_0)^2 + (z - z_0)^2 \right]^{-1/2}$ 满足方程.

12.已知一条均匀的弦固定于 $x = 0$ 及 $x = l$,在开始的一瞬间它的形状是一条以 $(l/2, h)$ 为顶点的抛物线,初速度为零,且没有外力作用,求弦做横振动的位移函数.

13.利用圆内狄利克莱问题的一般解式,解边值问题
$$\begin{cases} \Delta_2 u = 0 \quad (r < a), \\ u \mid_{r=a} = f. \end{cases}$$

其中函数 f 的形式如下:

(1) $f = c$ (c 为常数);

(2) $f = A \cos \theta$;

(3) $f = Axy$;

(4) $f = \cos \theta \sin 2\theta$;

(5) $f = A \sin 2\theta + B \cos 2\theta$.

14.解下列定解问题:

(1) $\begin{cases} u_{tt} = a^2 u_{xx} \quad (0 < x < l, t > 0), \\ u(t, 0) = u_x(t, l) = 0, \\ u(0, x) = 0, \quad u_t(0, x) = x. \end{cases}$

(2) $\begin{cases} u_t = a^2 u_{xx} \quad (0 < x < l, t > 0), \\ u(t, 0) = u(t, l) = 0, \\ u(0, x) = x(l - x). \end{cases}$

(3) $\begin{cases} u_{tt} = a^2 u_{xx} - 2h u_t \quad (0 < x < l, t > 0, h \text{ 为常数}, 0 < h < \pi a/l), \\ u(t, 0) = u(t, l) = 0, \\ u(0, x) = \varphi(x), \quad u_t(0, x) = \psi(x). \end{cases}$

$$(4)\begin{cases}u_{tt}=a^2u_{xx} \quad (0<x<l,t>0),\\ u_x(t,0)=0, \quad u_x(t,l)+hu(t,l)=0 \quad (h>0且为常数),\\ u(0,x)=\varphi(x), \quad u_t(0,x)=\psi(x).\end{cases}$$

$$(5)\begin{cases}\Delta_2 u=0 \quad (r<a),\\ u_r(a,\theta)-hu(a,\theta)=f(\theta) \quad (h>0).\end{cases}$$

特别地,计算当 $f(\theta)=\cos^2\theta$ 时 u 的解.

(6)环形域内的狄利克莱问题:$\begin{cases}\Delta_2 u=0 \quad (a<r<b),\\ u(a,\theta)=1, \quad u(b,\theta)=0.\end{cases}$

(7)扇形域内的狄利克莱问题:$\begin{cases}\Delta_2 u=0 \quad (r<a,0<\theta<\alpha),\\ u(r,0)=u(r,\alpha)=0, \quad u(a,\theta)=f(\theta).\end{cases}$

15.已知一根长为 $2l$ 的均匀杆,两端与侧面均绝热.若其初始温度为
$$\varphi(x)=\begin{cases}1/2A, & |x-l|<A<l,\\ 0, & 其他.\end{cases}$$
求温度 $u(x,t)$ 和 $t\to\infty$ 时 $u(x,t)$ 的极限.

16.解如下定解问题:
$$\begin{cases}u_t=a^2\Delta_3 u,\\ u|_{r=R}=0, \quad u(t,0) 有限,\\ u|_{t=0}=f(r).\end{cases}$$

提示:采用球坐标,由定解条件可知 $u=u(t,r)$.

17.已知一半径为 a 的半圆形平板,其圆周边界上的温度保持 $u(a,\theta)=T\theta(\pi-\theta)$,而直径边界上的温度为 $0\,℃$,板的侧面绝热,试求板内的稳定温度分布.

第三章　贝塞尔函数

§3.1　贝塞尔方程及其解

3.1.1　贝塞尔方程的导出

对于圆柱形区域内的定解问题,常把泛定方程在柱坐标系下写出,这样可使区域的边界方程变得比较简单,便于求解.

下面考虑圆柱体的冷却问题:设有一个两端无限长的直圆柱体,其半径为 r_0,且初始温度为 $\varphi(x,y)$,表面温度为零,求圆柱体内温度的变化规律.

以 u 表示圆柱体内温度,由于其初始温度不依赖于 z,因此,问题可归结为二维定解问题

$$\begin{cases} u_t = a^2(u_{xx} + u_{yy}) & (x^2 + y^2 < r_0^2, t > 0), \\ u\big|_{t=0} = \varphi(x,y), \\ u\big|_{x^2+y^2=r_0^2} = 0. \end{cases} \tag{3.1.1}$$

由于所求区域是圆形,因此采用极坐标比较方便. 于是式(3.1.1)成为

$$\begin{cases} \dfrac{\partial u}{\partial t} = a^2\left(\dfrac{\partial^2 u}{\partial r^2} + \dfrac{1}{r}\dfrac{\partial u}{\partial r} + \dfrac{1}{r^2}\dfrac{\partial^2 u}{\partial \theta^2}\right) & (r < r_0, 0 \leqslant \theta < 2\pi, t > 0), \\ u\big|_{t=0} = \varphi(x,y) = \varphi_1(r,\theta), \\ u\big|_{r=r_0} = 0. \end{cases} \tag{3.1.2}$$

为将空间变量 r,θ 和时间变量 t 分离,设

$$u = V(r,\theta)T(t),$$

代入泛定方程后两边同除以 VT,可得

$$\frac{T'}{a^2 T} = \frac{V_r'' + \frac{1}{r}V_r' + \frac{1}{r^2}V_\theta''}{V} = -\lambda.$$

为方便起见，记 $\lambda = k^2$. 若 $\lambda \geqslant 0$，则 k 为实数；若 $\lambda < 0$，则 k 为纯虚数. 于是可得到

$$T' + a^2 k^2 T = 0, \tag{3.1.3}$$

$$V_r'' + \frac{1}{r}V_r' + \frac{1}{r^2}V_\theta'' + k^2 V = \Delta_2 V + k^2 V = 0. \tag{3.1.4}$$

方程(3.1.4)称为**亥姆霍兹方程**. 对亥姆霍兹方程分离变量，设

$$V = R(r)\Theta(\theta),$$

代入式(3.1.4)可得

$$\Theta'' + \mu\Theta = 0, \tag{3.1.5}$$

$$r^2 R'' + rR' + (k^2 r^2 - \mu)R = 0. \tag{3.1.6}$$

由于 Θ 需满足周期边界条件，故 μ 的取值为

$$\mu_n = n^2 \quad (n = 0, 1, 2, \cdots),$$

因而

$$\Theta(\theta) = a_n \cos n\theta + b_n \sin n\theta.$$

若把方程(3.1.6)写成施图姆-刘维尔型，并注意到 $k(r) = r$，$k(0) = 0$ 及 u 的边界条件，就可得到如下本征值问题：

$$\begin{cases} (rR')' + \left(k^2 r - \dfrac{n^2}{r}\right)R = 0 \quad (0 < r < r_0), \\ |R(0)| < +\infty, \quad R(r_0) = 0. \end{cases}$$

作替换 $x = kr$，则方程(3.1.6)成为

$$x^2 y'' + xy' + (x^2 - n^2)y = 0, \tag{3.1.7}$$

其中 $y(x) = R(x/k)$. 方程(3.1.7)称为 **n 阶贝塞尔方程**或 **n 阶柱函数方程**. 下面用广义幂级数方法来求贝塞尔方程的解.

3.1.2　贝塞尔函数

贝塞尔方程

$$x^2 y'' + xy' + (x^2 - \nu^2)y = 0 \quad (\nu \geqslant 0) \tag{3.1.8}$$

的解称为 **ν 阶贝塞尔函数**或 **ν 阶柱函数**.

由 1.6 节可知，$x = 0$ 是贝塞尔方程的正则奇点，且方程(3.1.8)至少有一个如下形式的广义幂级数解：

$$y = x^\rho \sum_{n=0}^{\infty} a_n x^n = \sum_{n=0}^{\infty} a_n x^{n+\rho}. \tag{3.1.9}$$

对式(3.1.9)两边逐项求导,则有

$$xy' = \sum_{n=0}^{\infty} (n+\rho) a_n x^{n+\rho},$$

$$x^2 y'' = \sum_{n=0}^{\infty} (n+\rho)(n+\rho-1) a_n x^{n+\rho},$$

代入方程(3.1.8),可得

$$\sum_{n=0}^{\infty} [(n+\rho)^2 - \nu^2] a_n x^{n+\rho} + \sum_{n=0}^{\infty} a_n x^{n+\rho+2}$$

$$= \sum_{n=0}^{\infty} [(n+\rho)^2 - \nu^2] a_n x^{n+\rho} + \sum_{n=2}^{\infty} a_{n-2} x^{n+\rho} = 0.$$

由此可得

$$\begin{cases} (\rho^2 - \nu^2) a_0 = 0, \\ [(1+\rho)^2 - \nu^2] a_1 = 0, \\ [(n+\rho)^2 - \nu^2] a_n + a_{n-2} = 0 \quad (n=2,3,\cdots), \end{cases} \tag{3.1.10}$$

取 a_0 为无穷级数

$$y(x) = a_0 x^\rho + a_1 x^{1+\rho} + a_2 x^{2+\rho} + \cdots$$

中第一项的系数,则 $a_0 \neq 0$,由式(3.1.10)可得

$$\rho = \pm \nu \quad (\nu \geqslant 0)$$

且

$$a_1(1+2\rho) = 0, \tag{3.1.11}$$

$$a_n n(n+2\rho) + a_{n-2} = 0 \quad (n=2,3,\cdots). \tag{3.1.12}$$

下面分几种情况进行讨论:

(1)取 $\rho = \nu (\geqslant 0)$. 这时 $n+2\rho = n+2\nu \neq 0$,于是由式(3.1.11)可知 $a_1 = 0$,再由递推关系

$$a_n = -\frac{a_{n-2}}{n(n+2\rho)} \quad (n=2,3,\cdots),$$

可得 $a_3 = 0, a_5 = 0, \cdots, a_{2k+1} = 0 (k=0,1,2,\cdots)$. 再依次对 $n=2k, 2(k-1), \cdots, 4, 2$ 应用这个递推关系,可得

$$a_{2k} = -\frac{a_{2(k-1)}}{2^2 k(k+\rho)} = \frac{a_{2(k-2)}}{2^4 k(k-1)(k+\rho)(k+\rho-1)}$$

$$= \cdots = (-1)^k \frac{a_0}{2^{2k} \cdot k! \, (1+\rho)(2+\rho)\cdots(k+\rho)}$$

$$= (-1)^k \frac{a_0 \Gamma(\rho+1)}{2^{2k} \cdot k! \, \Gamma(k+\rho+1)},$$

这里 a_0 可以取任意常数. 特别地, 取

$$a_0 = \frac{1}{2^\rho \Gamma(\rho+1)},$$

则

$$a_{2k} = \frac{(-1)^k}{2^{2k+\rho} k! \ \Gamma(k+\rho+1)} \quad (k=0,1,2,\cdots).$$

将所求得的系数代入式 (3.1.9), 可得贝塞尔方程的一个形式解为

$$y(x) = \left(\frac{x}{2}\right)^\rho \sum_{k=0}^{\infty} \frac{(-1)^k}{k! \ \Gamma(k+\rho+1)} \left(\frac{x}{2}\right)^{2k} \quad (\rho=\nu). \quad (3.1.13)$$

因为

$$\lim_{k\to\infty} \left| \frac{a_{2k}}{a_{2k-2}} \right| = \lim_{k\to\infty} \frac{1}{4k(k+\rho)} = 0,$$

所以式 (3.1.13) 右端的幂级数对所有的 x 值都收敛. 同时由于我们在求解过程中所用的逐项求导是合理的, 则式 (3.1.13) 右端所表示的函数确实是贝塞尔方程的解. 这个函数定义在区间 $(-\infty, +\infty)$ 上, 可用 $J_\nu(x)$ 表示, 称为**第一类 ν 阶贝塞尔函数**.

(2) 当 $\rho = -\nu$ 时, 又可分为以下三种情况:

① $2\nu \neq \mathbf{Z}, \mathbf{Z}$ 为整数. 这时 $n+2\rho = n-2\nu \neq 0$, (1) 中的讨论完全有效, 又可求得贝塞尔方程的一特解为

$$J_{-\nu}(x) = \sum_{k=0}^{\infty} (-1)^k \frac{1}{k! \ \Gamma(k-\nu+1)} \left(\frac{x}{2}\right)^{2k-\nu} \quad (x \neq 0). (3.1.14)$$

② $2\nu = m, m$ 为奇数. 若 n 为偶数, 则 $n+2\rho = n-2\nu \neq 0$, 因而 (1) 中关于偶数指标系数的讨论完全有效, 但关于奇数指标系数的讨论要稍作修改. 因为式 (3.1.12) 中的方程当 $n=m$ 时成为

$$a_m m(m-2\nu) + a_{m-2} = a_m \cdot 0 + a_{m-2} = 0,$$

由 $a_{m-2} = 0$ 推不出 a_m 必为零, 但由于我们只需要求特解, 因此不妨取 $a_m = 0$. 再由式 (3.1.12) 中 $n \geq m+2$ 以后的方程即可推出 $a_{m+2} = a_{m+4} = \cdots = 0$, 即一切奇数指标系数仍都为零, 于是仍有式 (3.1.14) 形式的特解 $J_{-\nu}(x)$. 这属于 1.6 节中讨论弗罗贝尼乌斯方法时的情况 C, 存在广义幂级数形式的第二个解.

③ $2\nu = 2m, 2\nu$ 为偶数, 即 $\nu = m$ (正整数或零). 当 n 为奇数时, $n+2\rho = n-2m \neq 0$, 所以如 (1) 的讨论, 所有奇数指标系数 a_{2k+1} 都为零, 但偶数指标系数的计算发生了问题. 因为当 $n=2m$ 时, 式 (3.1.12) 中的方程成为

$$a_{2m} \cdot 2m(2m-2\nu) + a_{2m-2} = a_{2m} \cdot 0 + a_{2m-2} = 0,$$

这属于 1.6 节中讨论的情况 A 或 B, 结论是不存在广义幂级数形式的第二个

解. 如果还要继续这个过程,为了不产生矛盾,就要放弃 $a_0 \neq 0$ 的前提,改为取 $a_0 = 0$,从而 $a_2 = a_4 = \cdots = a_{2m-2} = 0$,再由式(3.1.12)中的方程

$$a_{2m+2}(2m+2)(2m+2+2\rho) + a_{2m} = 0,$$

可得

$$a_{2m+2} = -\frac{a_{2m}}{2^2(m+1) \cdot 1}.$$

一般地,由

$$a_{2m+2k}(2m+2k)(2m+2k+2\rho) + a_{2m+2(k-1)} = 0 \quad (\rho = -m),$$

可得

$$a_{2m+2k} = -\frac{a_{2m+2(k-1)}}{2^2(m+k) \cdot k} = \cdots = (-1)^k \frac{a_{2m}}{2^{2k} \cdot k! \ (m+1)(m+2)\cdots(m+k)}.$$

特别地,取

$$a_{2m} = (-1)^m \frac{1}{m!} \left(\frac{1}{2}\right)^m,$$

则有

$$a_{2m+2k} = (-1)^{m+k} \frac{1}{k! \ (m+k)!} \left(\frac{1}{2}\right)^{2k+m}.$$

于是可得到方程的一个特解 $J_{-m}(x)$ $(m > 0)$,它是负整阶贝塞尔函数:

$$J_{-m}(x) = \sum_{k=0}^{\infty} (-1)^{m+k} \frac{1}{k! \ (m+k)!} \left(\frac{x}{2}\right)^{2k+m}. \tag{3.1.15}$$

然而,这并不是一个新的解,因为由式(3.1.13)可得

$$J_{-m}(x) = (-1)^m \sum_{k=0}^{\infty} (-1)^k \frac{1}{k! \ (m+k)!} \left(\frac{x}{2}\right)^{2k+m} = (-1)^m J_m(x),$$

$$\tag{3.1.16}$$

即 $J_{-m}(x)$ 和 $J_m(x)$ 线性相关. 所以在这种情形下,还需要找到一个与 $J_m(x)$ 线性无关的特解,这可以采用1.6节中的方法.

通过引入第二类贝塞尔函数 $N_\nu(x)$ 可以方便地表示贝塞尔方程的通解. $N_\nu(x)$ 也称为**诺依曼函数**,当 ν 不是整数时,其定义为

$$N_\nu(x) = \cot \nu\pi \cdot J_\nu(x) - \csc \nu\pi \cdot J_{-\nu}(x)$$

$$= \frac{J_\nu(x)\cos \nu\pi - J_{-\nu}(x)}{\sin \nu\pi}, \tag{3.1.17}$$

而由式(3.1.13)和式(3.1.14)可知,当 $x \to 0$ 时,有

$$J_\nu(x) \approx \frac{1}{\Gamma(\nu+1)} \left(\frac{x}{2}\right)^\nu \to 0, \quad J_{-\nu}(x) \approx \frac{1}{\Gamma(-\nu+1)} \left(\frac{x}{2}\right)^{-\nu} \to \infty.$$

因此,$J_\nu(x)$ 和 $J_{-\nu}(x)$ 是线性无关的,贝塞尔方程的通解可表示为
$$y = C_1 J_\nu(x) + C_2 J_{-\nu}(x). \tag{3.1.18}$$
显然,$N_\nu(x)$ 和 $J_\nu(x)$ 也是贝塞尔方程的两个线性无关的解. 所以,贝塞尔方程的通解也可以表示为
$$y = C_1 J_\nu(x) + C_2 N_\nu(x). \tag{3.1.19}$$
当 ν 是整数时,定义整阶诺依曼函数为
$$N_n(x) = \lim_{\nu \to n} N_\nu(x) = \lim_{\nu \to n} \frac{J_\nu(x)\cos\nu\pi - J_{-\nu}(x)}{\sin\nu\pi}. \tag{3.1.20}$$
因为 $N_\nu(x)$ 是 ν 阶贝塞尔方程的解,所以 $N_n(x)$ 是 n 阶贝塞尔方程的解. 求极限可得
$$N_n(x) = \frac{2}{\pi} J_n(x)\left(\ln\frac{x}{2} + \gamma\right) - \frac{1}{\pi}\sum_{k=0}^{n-1}\frac{(n-k-1)!}{k!}\left(\frac{x}{2}\right)^{2k-n}$$
$$- \frac{1}{\pi}\sum_{k=0}^{\infty}\frac{(-1)^k}{k!(k+n)!}\left(\frac{x}{2}\right)^{2k+n}\left(\sum_{m=0}^{n+k-1}\frac{1}{m+1} + \sum_{m=0}^{k-1}\frac{1}{m+1}\right), \tag{3.1.21}$$
其中 $\gamma = \lim_{k\to\infty}\left[1 + \frac{1}{2} + \cdots + \frac{1}{k} - \ln(k+1)\right] = 0.5772\cdots$ 称为**欧拉常数**.特别地,有
$$N_0(x) = \frac{2}{\pi} J_0(x)\left(\ln\frac{x}{2} + \gamma\right) - \frac{2}{\pi}\sum_{k=0}^{\infty}\left[\frac{(-1)^k}{(k!)^2}\left(\frac{x}{2}\right)^{2k}\cdot\sum_{m=0}^{k-1}\frac{1}{m+1}\right],$$
由这些展开式可以看出,当 $x\to 0$ 时,$N_n(x)\to\infty$,而 $J_n(0)$ 是有界的. 因此,$N_n(x)$ 与 $J_n(x)$ 是线性无关的,它们的线性组合
$$y = C_1 J_n(x) + C_2 N_n(x) \tag{3.1.22}$$
是 n 阶贝塞尔方程的通解.

因此,对任何实数 ν,ν 阶贝塞尔方程的通解可写为
$$y = C_1 J_\nu(x) + C_2 N_\nu(x). \tag{3.1.23}$$

§3.2 贝塞尔函数的性质

3.2.1 母函数与积分表示

利用洛朗级数展开式可证明如下关系式成立:
$$e^{\frac{x}{2}(\zeta-\zeta^{-1})} = \sum_{n=-\infty}^{+\infty} J_n(x)\zeta^n \quad (0 < |\zeta| < +\infty). \tag{3.2.1}$$

上式左端的函数称为整阶贝塞尔函数 $J_n(x)$ 的**母函数**或**生成函数**. 利用式 (3.2.1) 可得 $J_n(x)$ 的积分表示为

$$J_n(x) = \frac{1}{2\pi}\int_0^{2\pi}\cos(x\sin\theta - n\theta)d\theta,$$

或写成

$$J_n(x) = \frac{1}{2\pi}\int_{-\pi}^{\pi}e^{i(x\sin\theta - n\theta)}d\theta \quad (i=\sqrt{-1}).$$

利用母函数可以证明许多关于整阶贝塞尔函数的性质. 例如,加法公式

$$J_n(x+y) = \sum_{k=-\infty}^{+\infty}J_k(x)J_{n-k}(y).$$

事实上,把式(3.2.1)中的 x 换成 $x+y$,则有

$$\sum_{n=-\infty}^{+\infty}J_n(x+y)\zeta^n = e^{\frac{x+y}{2}(\zeta-\zeta^{-1})}$$

$$= e^{\frac{x}{2}(\zeta-\zeta^{-1})}\cdot e^{\frac{y}{2}(\zeta-\zeta^{-1})}$$

$$= \sum_{k=-\infty}^{+\infty}J_k(x)\zeta^k \cdot \sum_{m=-\infty}^{+\infty}J_m(y)\zeta^m$$

$$= \sum_{k=-\infty}^{+\infty}\sum_{m=-\infty}^{+\infty}J_k(x)J_m(y)\zeta^{k+m} \xrightarrow{m+k=n}$$

$$= \sum_{n=-\infty}^{+\infty}\left\{\sum_{k=-\infty}^{+\infty}J_k(x)J_{n-k}(y)\right\}\zeta^n,$$

再比较上式两边的系数,即得加法公式.

3.2.2 微分关系和递推公式

对于贝塞尔函数,下列微分关系成立:

$$\frac{d}{dx}[x^\nu J_\nu(x)] = x^\nu J_{\nu-1}(x), \tag{3.2.2}$$

$$\frac{d}{dx}\left[\frac{J_\nu(x)}{x^\nu}\right] = -\frac{J_{\nu+1}(x)}{x^\nu}, \tag{3.2.3}$$

或

$$J_\nu'(x) = J_{\nu-1}(x) - \frac{\nu}{x}J_\nu(x), \tag{3.2.4}$$

$$J_\nu'(x) = \frac{\nu}{x}J_\nu(x) - J_{\nu+1}(x). \tag{3.2.5}$$

下面给出第一式的证明,第二式的证明可仿照第一式给出. 由定义,可得

$$\mathrm{J}_\nu(x) = \sum_{k=0}^{\infty} (-1)^k \frac{1}{k!\,\Gamma(k+\nu+1)} \left(\frac{x}{2}\right)^{2k+\nu},$$

所以

$$\frac{\mathrm{d}}{\mathrm{d}x}\big[x^\nu \mathrm{J}_\nu(x)\big] = \frac{\mathrm{d}}{\mathrm{d}x}\left[\sum_{k=0}^{\infty}(-1)^k \frac{1}{k!\,\Gamma(\nu+k+1)} \cdot \frac{1}{2^{2k+\nu}} \cdot x^{2k+2\nu}\right]$$

$$= \sum_{k=0}^{\infty}(-1)^k \frac{1}{k!\,\Gamma(\nu+k+1)} \cdot \frac{2(k+\nu)}{2^{2k+\nu}} \cdot x^{2k+2\nu-1}.$$

$$= x^\nu \sum_{k=0}^{\infty}(-1)^k \frac{1}{k!\,\Gamma(\nu-1+k+1)} \cdot \left(\frac{x}{2}\right)^{2k+\nu-1}$$

$$= x^\nu \mathrm{J}_{\nu-1}(x).$$

这两个公式表明,通过 ν 阶贝塞尔函数,可以求出低一阶或高一阶的贝塞尔函数.

特别地,当 $\nu=0$ 时,我们有

$$\mathrm{J}_0'(x) = \mathrm{J}_{-1}(x) = -\mathrm{J}_1(x).$$

由此可以断言,$\mathrm{J}_0(x)$ 的极值点就是 $\mathrm{J}_1(x)$ 的零点.

式(3.2.2)和式(3.2.3)还可以写成另一种形式. 先把式(3.2.2)和式(3.2.3)两边同除以 x,即得

$$\frac{\mathrm{d}}{x\,\mathrm{d}x}\big[x^\nu \mathrm{J}_\nu(x)\big] = x^{\nu-1}\mathrm{J}_{\nu-1}(x),$$

$$\frac{\mathrm{d}}{x\,\mathrm{d}x}\big[x^{-\nu}\mathrm{J}_\nu(x)\big] = -x^{-(\nu+1)}\mathrm{J}_{\nu+1}(x).$$

把 $\dfrac{\mathrm{d}}{x\,\mathrm{d}x}$ 看成一个算子(求导后除以 x),并使这个算子对上式再作用一次,可得

$$\left(\frac{\mathrm{d}}{x\,\mathrm{d}x}\right)^2\big[x^\nu \mathrm{J}_\nu(x)\big] = x^{\nu-2}\mathrm{J}_{\nu-2}(x),$$

$$\left(\frac{\mathrm{d}}{x\,\mathrm{d}x}\right)^2\big[x^{-\nu}\mathrm{J}_\nu(x)\big] = x^{-(\nu+2)}\mathrm{J}_{\nu+2}(x),$$

其中 $\left(\dfrac{\mathrm{d}}{x\,\mathrm{d}x}\right)^2 = \dfrac{\mathrm{d}}{x\,\mathrm{d}x}\dfrac{\mathrm{d}}{x\,\mathrm{d}x} \neq \dfrac{\mathrm{d}^2}{x^2\,\mathrm{d}x^2}$. 一般地,有

$$\left(\frac{\mathrm{d}}{x\,\mathrm{d}x}\right)^n\big[x^\nu \mathrm{J}_\nu(x)\big] = x^{\nu-n}\mathrm{J}_{\nu-n}(x), \tag{3.2.6}$$

$$\left(\frac{\mathrm{d}}{x\,\mathrm{d}x}\right)^n\big[x^{-\nu}\mathrm{J}_\nu(x)\big] = (-1)^n x^{-(\nu+n)}\mathrm{J}_{\nu+n}(x). \tag{3.2.7}$$

将式(3.2.4)和式(3.2.5)相加、相减,可分别得到

$$\begin{cases} J_{\nu-1}(x)+J_{\nu+1}(x)=\dfrac{2\nu}{x}J_\nu(x), \\ J_{\nu-1}(x)-J_{\nu+1}(x)=2J_\nu'(x). \end{cases} \tag{3.2.8}$$

式(3.2.8)表明,由两个相邻阶的贝塞尔函数就可以求出更高一阶的贝塞尔函数,如

$$J_2(x)=\frac{2}{x}J_1(x)-J_0(x)=\frac{-2}{x}J_0'(x)-J_0(x),$$

$$J_3(x)=\frac{4}{x}J_2(x)-J_1(x)=\left(\frac{8}{x^2}-1\right)J_1(x)-\frac{4}{x}J_0(x).$$

再注意到$J_{-n}(x)=(-1)^nJ_n(x)$,可知所有整数阶的贝塞尔函数$J_n(x)$(n为整数)都可用$J_0(x)$和$J_1(x)$来表示. 这样,只要有了关于$J_0(x),J_1(x)$的函数表,我们就可以求出$J_2(x),J_3(x)$等在相应点处的函数值.

当ν不是整数时,由于$N_\nu(x)$是$J_\nu(x)$和$J_{-\nu}(x)$的线性组合,故微分关系和递推公式对非整阶诺依曼函数仍成立. 可以证明,它们对整阶诺依曼函数也成立.

【例 3.1】 求证下列等式:

(1) $\cos(x\sin\theta)=J_0(x)+2[J_2(x)\cos 2\theta+J_4(x)\cos 4\theta+\cdots];$

$$\tag{3.2.9}$$

(2) $\sin(x\sin\theta)=2[J_1(x)\sin\theta+J_3(x)\sin 3\theta+\cdots].$ (3.2.10)

证明 在生成函数公式(3.2.1)中,令$\zeta=e^{i\theta}$,并由$J_{-n}(x)=(-1)^nJ_n(x)$,可得

$$e^{\frac{x}{2}(e^{i\theta}-e^{-i\theta})}=e^{ix\sin\theta}=\sum_{n=-\infty}^{+\infty}J_n(x)e^{in\theta}=\sum_{n=-\infty}^{+\infty}J_n(x)(\cos n\theta+i\sin n\theta)$$

$$=J_0(x)+\sum_{n=1}^{\infty}[J_n(x)+J_{-n}(x)]\cos n\theta$$

$$+i\sum_{n=1}^{\infty}[J_n(x)-J_{-n}(x)]\sin n\theta$$

$$=J_0(x)+2\sum_{k=1}^{\infty}J_{2k}(x)\cos 2k\theta+2i\sum_{k=1}^{\infty}J_{2k-1}(x)\sin(2k-1)\theta.$$

令上式两边的实部与虚部分别相等,即可得要证的等式.

从傅里叶级数的视角看,例3.1中的两个等式分别是函数(将x看作参数)$\cos(x\sin\theta)$的余弦展开及$\sin(x\sin\theta)$的正弦展开.

利用积分表达式、微分关系及递推公式,可以计算某些含贝塞尔函数的积分.

【例 3.2】 计算积分 $\int x^3 J_{-2}(x) \, \mathrm{d}x$.

解 由分部积分法及微分关系 $(x^\nu J_\nu)' = x^\nu J_{\nu-1}$,有

$$\int x^3 J_{-2} \, \mathrm{d}x = \int x^4 (x^{-1} J_{-2}) \, \mathrm{d}x = x^4 (x^{-1} J_{-1}) - 4 \int x^3 (x^{-1} J_{-1}) \, \mathrm{d}x$$

$$= x^3 J_{-1} - 4 \int x^2 J_{-1} \, \mathrm{d}x = -x^3 J_1 - 4 \int x^2 J_0' \, \mathrm{d}x$$

$$= -x^3 J_1 - 4 x^2 J_0 + 8 \int x J_0 \, \mathrm{d}x$$

$$= (-x^3 + 8x) J_1(x) - 4 x^2 J_0(x) + C.$$

【例 3.3】 求证:$\int x^2 J_2(x) \, \mathrm{d}x = -x^2 J_1(x) - 3 x J_0(x) + 3 \int J_0(x) \, \mathrm{d}x$.

证明 由分部积分及微分关系 $(x^{-\nu} J_\nu)' = -x^{-\nu} J_{\nu+1}$,有

$$\int x^2 J_2 \, \mathrm{d}x = \int x^3 (x^{-1} J_2) \, \mathrm{d}x = x^3 (-x^{-1} J_1) + 3 \int x^2 (x^{-1} J_1) \, \mathrm{d}x$$

$$= -x^2 J_1 - 3 \int x J_0'(x) \, \mathrm{d}x = -x^2 J_1 - 3 \left(x J_0 - \int J_0 \, \mathrm{d}x \right).$$

一般来说,对于形如 $\int x^p J_q(x) \, \mathrm{d}x$ 的积分,若 p,q 为整数,$p+q \geqslant 0$ 且为奇数,这个积分可利用 $J_0(x)$ 和 $J_1(x)$ 直接表示出来;若 $p+q$ 为偶数,则结果只能用 $\int J_0(x) \, \mathrm{d}x$ 来表示.

3.2.3 半阶函数

贝塞尔函数和诺依曼函数一般都不是初等函数. 但半奇数阶贝塞尔函数 $J_\nu(x)$($\nu = n + 1/2, n \in \mathbf{Z}$)和 $N_\nu(x)$ 都是初等函数. 下面先计算 $J_{1/2}(x)$ 和 $J_{-1/2}(x)$. 由定义,可知

$$J_{-1/2}(x) = \sum_{k=0}^{\infty} \frac{(-1)^k}{k! \, \Gamma\left(k + \frac{1}{2}\right)} \left(\frac{x}{2}\right)^{2k - \frac{1}{2}} = \sqrt{\frac{2}{x}} \sum_{k=0}^{\infty} \frac{(-1)^k}{k! \, \Gamma\left(k + \frac{1}{2}\right)} \left(\frac{x}{2}\right)^{2k}.$$

根据 Γ 函数的性质,我们有

$$\Gamma\left(k+\frac{1}{2}\right) = \Gamma\left(k-\frac{1}{2}+1\right) = \left(k-\frac{1}{2}\right)\Gamma\left(k-\frac{1}{2}\right)$$

$$= \left(k-\frac{1}{2}\right)\left(k-\frac{3}{2}\right)\Gamma\left(\frac{2k-3}{2}\right)$$

$$= \frac{2k-1}{2} \cdot \frac{2k-3}{2} \cdot \frac{2k-5}{2} \cdot \Gamma\left(\frac{2k-5}{2}\right)$$

$$= \cdots$$

$$= \frac{2k-1}{2} \cdot \frac{2k-3}{2} \cdot \cdots \cdot \frac{1}{2} \cdot \Gamma\left(\frac{1}{2}\right)$$

$$= \frac{(2k)!}{2^{2k} \cdot k!}\sqrt{\pi},$$

于是

$$J_{-1/2}(x) = \sqrt{\frac{2}{\pi x}}\sum_{k=0}^{\infty}\frac{(-1)^k}{(2k)!}x^{2k} = \sqrt{\frac{2}{\pi}}\frac{\cos x}{\sqrt{x}}. \tag{3.2.11}$$

同理

$$J_{1/2}(x) = \sqrt{\frac{2}{\pi}}\frac{\sin x}{\sqrt{x}}. \tag{3.2.12}$$

在式(3.2.6)和式(3.2.7)中分别令 $\nu=-1/2$ 和 $\nu=1/2$,可得

$$J_{-(n+1/2)}(x) = \sqrt{\frac{2}{\pi}}x^{n+1/2}\left(\frac{1}{x}\frac{\mathrm{d}}{\mathrm{d}x}\right)^n\left(\frac{\cos x}{x}\right), \tag{3.2.13}$$

$$J_{n+1/2}(x) = (-1)^n\sqrt{\frac{2}{\pi}}x^{n+1/2}\left(\frac{1}{x}\frac{\mathrm{d}}{\mathrm{d}x}\right)^n\left(\frac{\sin x}{x}\right). \tag{3.2.14}$$

因为

$$N_{n+1/2}(x) = \frac{J_{n+1/2}(x)\cos(n\pi+\pi/2) - J_{-(n+1/2)}(x)}{\sin(n\pi+\pi/2)}$$

$$= (-1)^{n+1}J_{-(n+1/2)}(x), \tag{3.2.15}$$

同样地

$$N_{-(n+1/2)}(x) = (-1)^{n+1}J_{n+1/2}(x), \tag{3.2.16}$$

所以,$N_{n+1/2}(x)$ 和 $N_{-(n+1/2)}(x)$ 也是初等函数.

3.2.4　渐近公式

在贝塞尔函数的应用中,常常需要求出当自变量 x 取很大的值时的函数值,如果利用级数展开式来计算这些值,显然是很麻烦的. 下面将列举当自变量 x 很大时,贝塞尔函数的渐近公式. 推导过程从略.

当 x 很大 $(x \rightarrow +\infty)$ 时,有

$$J_\nu(x) \approx \sqrt{\frac{2}{\pi x}} \cos\left(x - \frac{\nu\pi}{2} - \frac{\pi}{4}\right),\qquad (3.2.17)$$

$$N_\nu(x) \approx \sqrt{\frac{2}{\pi x}} \sin\left(x - \frac{\nu\pi}{2} - \frac{\pi}{4}\right).\qquad (3.2.18)$$

严格地说,应为

$$J_\nu(x) \approx \sqrt{\frac{2}{\pi x}} \cos\left(x - \frac{\nu\pi}{2} - \frac{\pi}{4}\right) + O(x^{-3/2}),\qquad (3.2.19)$$

$$N_\nu(x) \approx \sqrt{\frac{2}{\pi x}} \sin\left(x - \frac{\nu\pi}{2} - \frac{\pi}{4}\right) + O(x^{-3/2}).\qquad (3.2.20)$$

因此

$$\lim_{x \to +\infty} J_\nu(x) = \lim_{x \to +\infty} N_\nu(x) = 0.$$

由于余弦函数和正弦函数在 $-1 \sim 1$ 之间振动了无限多次,所以从这些渐近公式中可以看出,$J_\nu(x)$ 和 $N_\nu(x)$ 应有无限多个实零点.下面将详细地讨论贝塞尔函数的零点.

3.2.5 贝塞尔函数的零点和衰减振荡性

(1)函数 $J_\nu(x)$ 有无穷多个实零点,而且可以证明:当 $\nu > -1$ 时,$J_\nu(x)$ 只有实零点.

由 $J_\nu(x)$ 的级数表示,不难得到

$$J_\nu(-x) = (-1)^\nu J_\nu(x).$$

特别地,$J_0(x)$ 是偶函数,$J_1(x)$ 是奇函数.由上式可见,$J_\nu(x)$ 的无穷多个实零点是关于原点对称分布的,因而 $J_\nu(x)$ 必有无穷多个正零点.

(2)当 $n \geqslant 1$ 时,由展开式(3.1.13)可以直接看出,$x = 0$ 是 $J_n(x)$ 的 n 级零点,而其他的零点都是一阶的.

事实上,若 $x_0 \neq 0$ 是 $J_n(x)$ 的二阶或更高阶零点,则有 $J_n(x_0) = 0$,$J_n'(x_0) = 0$.而 $J_n(x)$ 满足一个二阶线性齐次微分方程,于是由微分方程解的唯一性定理,必有 $J_n(x) \equiv 0$,而这是不可能的.这就证得 $J_n(x)$ 的非零零点都是一阶的.

(3)$J_\nu(x)$ 与 $J_{\nu+1}(x)$ 无非零公共零点.事实上,由

$$(x^{-\nu} J_\nu)' = -x^{-\nu} J_{\nu+1},$$

可得

$$-\nu x^{-\nu-1} J_\nu + x^{-\nu} J_\nu' = -x^{-\nu} J_{\nu+1}.$$

于是,若在 $x_0 \neq 0$ 处有 $J_\nu(x_0) = J_{\nu+1}(x_0) = 0$,则 $J_\nu'(x_0) = 0$,从而 $J_\nu(x) \equiv 0$,矛盾. 即证得 $J_\nu(x)$ 与 $J_{\nu+1}(x)$ 无非零公共零点.

(4)在 $J_\nu(x)$ 的两个相邻零点之间有且只有一个 $J_{\nu+1}(x)$ 的零点,反之亦然.

由公式 $(x^{-\nu}J_\nu)' = -x^{-\nu}J_{\nu+1}$,并应用罗尔定理,可知在 $J_\nu(x)$ 的两个相邻零点之间至少有一个 $J_{\nu+1}(x)$ 的零点. 再由公式

$$(x^{\nu+1}J_{\nu+1})' = x^{\nu+1}J_\nu, \tag{3.2.21}$$

可知在 $J_{\nu+1}(x)$ 的两个相邻零点之间至少有一个 $J_\nu(x)$ 的零点. 合并这两个结果可知,$J_\nu(x)$ 与 $J_{\nu+1}(x)$ 的正零点两两相间.

(5)$J_\nu(x)$ 的最小正零点比 $J_{\nu+1}(x)$ 的最小正零点更接近于原点.

设 a,b 分别是 $J_\nu(x)$ 和 $J_{\nu+1}(x)$ 的最小正零点. 因为 $x^{\nu+1}J_{\nu+1}(x)$ 以 $x=0$ 为零点,对式(3.2.21)应用罗尔定理,于是 $J_\nu(x)$ 有一个零点在 $(0,b)$ 内,由此知 $a < b$.

(6)方程 $J_\nu'(x) = 0$ 有无穷多个实根,根据(1)的结论并利用罗尔定理就可以得出这一论断. 更一般地,可以证明,方程

$$J_\nu(x) + hxJ_\nu'(x) = 0 \quad (h \text{ 为常数}) \tag{3.2.22}$$

有无穷多个实根.

从上面所述的贝塞尔函数的零点性质,可见 $J_\nu(x)$ 的零点和三角函数类似,由渐近公式也可看出这一点. 在渐近公式中,有一衰减因子 $x^{-1/2}$,因此 $J_\nu(x)$ 是一个衰减振荡函数,它在 x 轴上下来回摆动而且逐渐靠近 x 轴.

§3.3   贝塞尔方程的本征值问题

在一般的施图姆-刘维尔型方程

$$\frac{d}{dx}\left[k(x)\frac{dy}{dx}\right] - q(x)y + \lambda\rho(x)y = 0$$

中,令 $k(x)=x$,$q(x)=\nu^2/x$,$\rho(x)=x$,两边同乘以 x 后就可得到贝塞尔方程

$$x^2y'' + xy' + (\lambda x^2 - \nu^2)y = 0 \quad (0 < x < a, \nu \geqslant 0). \tag{3.3.1}$$

由于这里的 $k(x),q(x),\rho(x)$ 在 $[0,a]$ 上均满足施图姆-刘维尔定理的条件,从而我们可以用施图姆-刘维尔定理研究方程(3.3.1)的本征值问题.

设 $y(x)$ 在 a 端满足下列三种边界条件之一：

$$y(a)=0, \quad y'(a)=0, \quad y(a)+hy'(a)=0.$$

记 $\lambda=\omega^2$，则方程(3.3.1)的通解是

$$y(x)=A J_\nu(\omega x)+B N_\nu(\omega x).$$

由于 $k(0)=0$，在 $x=0$ 处有自然边界条件 $|y(0)|<+\infty$，因此 $B=0$，于是 $y(x)=J_\nu(\omega x)$. 而三种边界条件则分别成为

$$J_\nu(a\omega)=0, \quad J_\nu'(a\omega)=0, \quad J_\nu(a\omega)+\omega h J_\nu'(a\omega)=0.$$

由前节所述，这些方程都有无限多个正实零点，将它们分别记为 $\omega_1,\omega_2,\cdots$ 于是本征值

$$\lambda_n=\omega_n^2 \quad (n=1,2,\cdots).$$

根据施图姆-刘维尔定理，若 ω_1,ω_2 是

$$J_\nu(ax)=0, \quad J_\nu'(ax)=0, \quad J_\nu(ax)+xh J_\nu'(ax)=0 \qquad (3.3.2)$$

三个方程中任一方程的两个不同的根，则 $J_\nu(\omega_1 x)=0$ 和 $J_\nu(\omega_2 x)=0$ 加权 $\rho(x)=x$ 正交，即

$$\int_0^a x J_\nu(\omega_1 x) J_\nu(\omega_2 x)\mathrm{d}x=0.$$

下面计算贝塞尔函数的模的平方：

$$N_\nu^2=\int_0^a x J_\nu^2(\omega x)\mathrm{d}x.$$

记 $y(x)=J_\nu(\omega x)$，它满足方程(3.3.1)，则

$$x(xy')'+(\omega^2 x^2-\nu^2)y=0.$$

上式两边同乘以 $2y'$，可得

$$2xy'(xy')'+2(\omega^2 x^2-\nu^2)yy'=0 \quad 或 \quad \mathrm{d}(xy')^2+(\omega^2 x^2-\nu^2)\mathrm{d}y^2=0,$$

把上式从 0 到 a 积分，并对第二项进行分部积分，可得

$$(xy')^2\Big|_0^a+(\omega^2 x^2-\nu^2)y^2\Big|_0^a=2\omega^2\int_0^a xy^2\mathrm{d}x=2\omega^2 N_\nu^2.$$

由于 $\nu\neq0$ 时，$y(0)=J_\nu(0)=0$，故上式(包括 $\nu=0$ 时)即

$$a^2\omega^2 J_\nu'^2(\omega a)+(\omega^2 a^2-\nu^2)J_\nu^2(\omega a)=2\omega^2 N_\nu^2. \qquad (3.3.3)$$

(1)对于第一种边界条件 ——$J_\nu(\omega a)=0$：由微分关系

$$J_\nu'(x)=\frac{\nu}{x}J_\nu(x)-J_{\nu+1}(x),$$

可得

$$J_\nu'(\omega a)=-J_{\nu+1}(\omega a).$$

这样由式(3.3.3)，可得

$$N_{\nu1}^2 = \frac{a^2}{2}J_{\nu+1}^2(\omega a).$$

这里为了说明是第一种边界条件下的模,所以特意加了下标 1. 后面下标 2,3 的含义与此相同.

（2）对于第二种边界条件——$J'_\nu(\omega a)=0$：由式(3.3.3),可得

$$N_{\nu2}^2 = \frac{1}{2}\left(a^2 - \frac{\nu^2}{\omega^2}\right)J_\nu^2(\omega a).$$

（3）对于第三种边界条件——$J'_\nu(\omega a)=-J_\nu(\omega a)/(\omega h)$：由式(3.3.3),可得

$$N_{\nu3}^2 = \frac{1}{2}\left(a^2 - \frac{\nu^2}{\omega^2} + \frac{a^2}{\omega^2 h^2}\right)J_\nu^2(\omega a).$$

设 $\omega_1,\omega_2,\cdots$ 是式(3.3.2)中三个方程之一的所有非负零点,由施图姆-刘维尔定理,函数系$\{J_\nu(\omega_n x)\}$是完备正交系. 因此,可把满足定理条件的函数 $f(x)$ 展开成傅里叶-贝塞尔级数：

$$f(x) = \sum_{n=1}^\infty f_n J_\nu(\omega_n x), \tag{3.3.4}$$

这里

$$f_n = \frac{1}{N_\nu^2}\int_0^a x f(x) J_\nu(\omega_n x)\mathrm{d}x. \tag{3.3.5}$$

而贝塞尔函数的模的平方(N_ν^2)则由边界条件来确定. 适当放宽条件后,可以证明如下定理也是成立的.

定理：设 $f(x)$ 是定义在$(0,a)$内的逐段光滑的函数,积分$\int_0^a \sqrt{x}\,|f(x)|\mathrm{d}x$ 具有有限值,且 $f(x)$ 满足相应本征值的边界条件. 那么傅里叶-贝塞尔级数 (3.3.4) 收敛于$[f(x+0)+f(x-0)]/2$,且级数(3.3.4)中的 ω_n 是式(3.3.2)中三个方程之一的根.

【例 3.4】 设 $\omega_n(n=1,2,\cdots)$ 是方程 $J_0(x)=0$ 的所有正根,试将函数 $f(x)=1-x^2(0<x<1)$ 展开成贝塞尔函数 $J_0(\omega_n x)$ 的级数.

解 由式(3.3.4) 和式(3.3.5),设 $1-x^2 = \sum_{n=1}^\infty C_n J_0(\omega_n x)$,则

$$C_n = \frac{1}{N_{01}^2} \int_0^1 (1 - x^2) x J_0(\omega_n x) dx \xrightarrow{t = \omega_n x}$$

$$= \frac{1}{N_{01}^2 \omega_n^2} \int_0^{\omega_n} t \left(1 - \frac{t^2}{\omega_n^2}\right) J_0(t) dt$$

$$= \frac{1}{N_{01}^2 \omega_n^2} \left[\left(1 - \frac{t^2}{\omega_n^2}\right) t J_1(t) \Big|_0^{\omega_n} + \frac{2}{\omega_n^2} \int_0^{\omega_n} t^2 J_1(t) dt \right]$$

$$= \frac{2}{\omega_n^2 J_1^2(\omega_n)} \cdot \frac{2}{\omega_n^2} t^2 J_2(t) \Big|_0^{\omega_n} = \frac{4 J_2(\omega_n)}{\omega_n^2 J_1^2(\omega_n)}.$$

又由递推关系

$$J_2(x) = \frac{2}{x} J_1(x) - J_0(x)$$

及 $J_0(\omega_n) = 0$，有

$$J_2(\omega_n) = \frac{2 J_1(\omega_n)}{\omega_n}.$$

因而

$$C_n = \frac{8}{\omega_n^3 J_1(\omega_n)},$$

所以

$$1 - x^2 = \sum_{n=1}^{\infty} \frac{8}{\omega_n^3 J_1(\omega_n)} J_0(\omega_n x).$$

根据收敛定理，这个级数在 $[0,1]$ 上绝对一致收敛于 $1 - x^2$.

【例 3.5】　设有一个两端无限长的直圆柱体，其半径为 r_0. 已知其初始温度可用极坐标表示为 $\varphi_1(r, \theta)$，表面温度为零，求圆柱体内温度的变化规律.

解　这是 3.1 节中提出的圆柱体冷却问题，可将定解问题写为

$$\begin{cases} \dfrac{\partial u}{\partial t} = a^2 \left(\dfrac{\partial^2 u}{\partial r^2} + \dfrac{1}{r} \dfrac{\partial u}{\partial r} + \dfrac{1}{r^2} \dfrac{\partial^2 u}{\partial \theta^2} \right) & (r < r_0, 0 \leqslant \theta < 2\pi, t > 0), \\ u(t, r_0, \theta) = 0, \quad u(0, r, \theta) = \varphi_1(r, \theta). \end{cases}$$

设 $u = R(r) \Theta(\theta) T(t)$，由分离变量法，有

$$\begin{cases} \Theta(\theta) = a_n \cos n\theta + b_n \sin n\theta & (n = 0, 1, 2, \cdots), \\ (rR')' + \left(\lambda r - \dfrac{n^2}{r} \right) R = 0, \\ |R(0)| < +\infty, \quad R(r_0) = 0, \end{cases} \tag{3.3.6}$$

$$T' + a^2 \lambda T = 0. \tag{3.3.7}$$

由前面的讨论，本征值问题 (3.3.6) 中的本征值是 $\lambda_m = \omega_{mn}^2 (m = 1, 2, \cdots)$，其中

ω_{mn} 是 $J_n(\omega r_0)=0$ 的所有正实根,相应的本征函数为 $J_n(\omega_{mn}r)$. 再由 T 的方程得

$$T(t)=e^{-a^2\omega_{mn}^2 t},$$

这样就可得到满足方程和边界条件的特解为

$$u_{mn}=J_n(\omega_{mn}r)(A_{mn}\cos n\theta+B_{mn}\sin n\theta)e^{-a^2\omega_{mn}^2 t}.$$

把特解叠加,可得

$$u=\sum_{m=1}^{\infty}\sum_{n=0}^{\infty}J_n(\omega_{mn}r)(A_{mn}\cos n\theta+B_{mn}\sin n\theta)e^{-a^2\omega_{mn}^2 t}. \quad (3.3.8)$$

由初始条件,得

$$\varphi_1(r,\theta)=\sum_{m=1}^{\infty}\sum_{n=0}^{\infty}J_n(\omega_{mn}r)(A_{mn}\cos n\theta+B_{mn}\sin n\theta).$$

这是二元函数 $\varphi_1(r,\theta)$ 按函数系 $\{J_n(\omega_{mn}r)\cos n\theta, J_n(\omega_{mn}r)\sin n\theta\}$ 展开的二重傅里叶-贝塞尔级数,其中

$$A_{mn}=\frac{\delta_n}{\pi r_0^2 J_{n+1}^2(\omega_{mn}r_0)}\int_0^{r_0}\int_0^{2\pi}r\varphi_1(r,\theta)J_n(\omega_{mn}r)\cos n\theta\,dr\,d\theta,$$

$$\delta_n=\begin{cases}1, & n=0,\\ 2, & n\neq 0,\end{cases}$$

$$B_{mn}=\frac{2}{\pi r_0^2 J_{n+1}^2(\omega_{mn}r_0)}\int_0^{r_0}\int_0^{2\pi}r\varphi_1(r,\theta)J_n(\omega_{mn}r)\sin n\theta\,dr\,d\theta.$$

把 A_{mn},B_{mn} 代入式(3.3.8),即可得所求的解.

【例3.6】 有一均匀圆柱,其半径为 a,高为 l,侧面绝热而上、下底温度分别保持为 $f_2(r)$ 和 $f_1(r)$,试求柱内的稳定温度分布.

解 采用柱坐标系求解. 设柱内的稳定温度分布为 $u(r,\varphi,z)$,则问题归结为定解问题

$$\begin{cases}\Delta u(r,\varphi,z)=\dfrac{\partial^2 u}{\partial r^2}+\dfrac{1}{r}\dfrac{\partial u}{\partial r}+\dfrac{1}{r^2}\dfrac{\partial^2 u}{\partial\varphi^2}+\dfrac{\partial^2 u}{\partial z^2}=0 \quad \text{(稳定温度)},\\[2mm] \dfrac{\partial u}{\partial r}\Big|_{r=a}=0 \quad \text{(侧面绝热)}, \quad u(r,\varphi,0)=f_1(r), \quad u(r,\varphi,l)=f_2(r).\end{cases}$$

考虑到圆柱关于 φ 的对称性及上、下底与侧面的定解条件不依赖于 φ,所以问题的解也不依赖于 φ,即 $u=u(r,z)$. 设 $u=R(r)Z(z)$,经变量分离后可得

$$r^2 R''+rR'+\lambda r^2 R=0, \quad (3.3.9)$$
$$Z''-\lambda Z=0. \quad (3.3.10)$$

记 $\lambda=\omega^2$,则方程(3.3.9)的有界解是

$$R(r)=J_0(\omega r).$$

再由边界条件 $u_r|_{r=a}=0$,可知 $R'(a)=0$,即
$$J_1(\omega a)=0.$$
记此方程的所有非负根分别为 $\omega_0=0,\omega_1,\omega_2,\cdots$ 则其本征值为
$$\lambda_0=0,\quad \lambda_n=\omega_n^2\quad(n=1,2,\cdots),$$
相应的本征函数为
$$J_0(\omega_0 r)=1,\quad J_0(\omega_n r)\quad(n=1,2,\cdots).$$
将 $\lambda_n=\omega_n^2(n=0,1,2,\cdots)$ 代入式(3.3.10),可得
$$Z_0(z)=C_0+D_0 z,\quad Z_n(z)=C_n\cosh\omega_n z+D_n\sinh\omega_n z\quad(n=1,2,\cdots).$$
根据叠加原理,可得到满足方程和侧面边界条件的解是
$$u(r,z)=C_0+D_0 z+\sum_{n=1}^{\infty}(C_n\cosh\omega_n z+D_n\sinh\omega_n z)J_0(\omega_n r).$$
$$(3.3.11)$$
再由圆柱底面的边界条件,有
$$f_1(r)=u(r,0)=C_0+\sum_{n=1}^{\infty}C_n J_0(\omega_n r)\qquad(3.3.12)$$
及
$$f_2(r)=u(r,l)$$
$$=C_0+D_0 l+\sum_{n=1}^{\infty}(C_n\cosh\omega_n l+D_n\sinh\omega_n l)J_0(\omega_n r).\quad(3.3.13)$$
将 $f_1(r)$ 和 $f_2(r)$ 分别按 $\{J_0(\omega_n r)(n=0,1,2,\cdots)\}$ 展开,并将各展开式的系数相应地记为 f_{1n} 和 $f_{2n}(n=0,1,2,\cdots)$,则由式(3.3.12),可得(注意:这里要取第二种边界条件下的模)
$$C_0=\frac{2}{a^2}\int_0^a f_1(r)r\mathrm{d}r=f_{10},$$
$$C_n=\frac{2}{a^2 J_0^2(\omega_n a)}\int_0^a J_0(\omega_n r)f_1(r)r\mathrm{d}r=f_{1n}\quad(n=1,2,\cdots).$$
由式(3.3.13),可得
$$C_0+D_0 l=\frac{2}{a^2}\int_0^a f_2(r)r\mathrm{d}r=f_{20},$$
$$C_n\cosh\omega_n l+D_n\sinh\omega_n l=\frac{2}{a^2 J_0^2(\omega_n a)}\int_0^a J_0(\omega_n r)f_2(r)r\mathrm{d}r$$
$$=f_{2n}\quad(n=1,2,\cdots),$$
解之得

$$D_0 = \frac{f_{20} - f_{10}}{l},$$

$$D_n = \frac{f_{2n} - f_{1n}\cosh \omega_n l}{\sinh \omega_n l} \quad (n=1,2,\cdots),$$

将以上求得的 C_n 和 D_n 代入式(3.3.11)，即可得到所求的解.

§3.4 和贝塞尔方程相关的问题

3.4.1 可化为贝塞尔方程的微分方程

在数学物理问题中，常有一些微分方程，可以化为贝塞尔方程来求解. 下面用相反的方法，从贝塞尔方程出发，通过自变量和因变量的代换，得到一种较为一般的可化为贝塞尔方程的微分方程，以便于应用. 设有 ν 阶贝塞尔方程

$$x^2\frac{d^2 y}{dx^2} + x\frac{dy}{dx} + (x^2 - \nu^2)y = 0 \quad (\nu \geqslant 0), \tag{3.4.1}$$

作自变量代换 $x = \lambda t^\beta$（λ，β 为常数），可得

$$t^2\frac{d^2 y}{dt^2} + t\frac{dy}{dt} + (\lambda^2\beta^2 t^{2\beta} - \nu^2\beta^2)y = 0.$$

再作因变量代换 $y(t) = t^{-\alpha}u(t)$（α 为常数），可得

$$t^2\frac{d^2 u}{dt^2} + (1-2\alpha)t\frac{du}{dt} + [\lambda^2\beta^2 t^{2\beta} + (\alpha^2 - \nu^2\beta^2)]u = 0. \tag{3.4.2}$$

于是，由方程(3.4.1)的通解 $y(x) = C_1 J_\nu(x) + C_2 N_\nu(x)$，可得方程(3.4.2)的通解为

$$u(t) = t^\alpha[C_1 J_\nu(\lambda t^\beta) + C_2 N_\nu(\lambda t^\beta)]. \tag{3.4.3}$$

【例 3.7】 求方程 $xy'' + y' + 5x^3 y = 0$ 的通解.

解 把所给方程改写为 $x^2 y'' + xy' + 5x^4 y = 0$，并将其与方程(3.4.2)比较，则有

$$\begin{cases} 1-2\alpha = 1, \\ 2\beta = 4, \\ \lambda^2\beta^2 = 5, \\ \alpha^2 - \nu^2\beta^2 = 0, \end{cases}$$

解得

$$\alpha = 0, \quad \beta = 2, \quad \lambda = \frac{\sqrt{5}}{2}, \quad \nu = 0,$$

故所求方程的通解为

$$y = C_1 J_0\left(\frac{\sqrt{5}}{2}x^2\right) + C_2 N_0\left(\frac{\sqrt{5}}{2}x^2\right).$$

【例 3.8】 解定解问题

$$\begin{cases} u_{tt} = a^2 \partial_x(x\partial_x u) + \omega^2 u & (0 < x < l, t > 0), \\ |u(t,0)| < +\infty, \quad u(t,l) = 0, \\ u(0,x) = f(r), \quad u_t(0,x) = g(x), \end{cases}$$

其中 a, ω 是正常数,且 ω 很小.

解 设 $u = X(x)T(t)$,经变量分离后可得

$$\begin{cases} (xX')' + (\omega^2/a^2 + \lambda)X = 0, & \text{(A)} \\ |X(0)| < +\infty, \quad X(l) = 0, & \text{(B)} \\ T'' + a^2\lambda T = 0. & \text{(C)} \end{cases}$$

由施图姆-刘维尔定理,可知本征值 $\lambda + \omega^2/a^2 \geqslant 0$. 又因为当 $\lambda + \omega^2/a^2 = 0$ 时,方程(A)的通解为 $X(x) = C_1 + C_2\ln x$;再由条件(B),得 $X(x) \equiv 0$. 因而 $\lambda + \omega^2/a^2 > 0$. 记 $\lambda + \omega^2/a^2 = b^2, b > 0$,则方程(A)变为 $(xX')' + b^2 X = 0$,即

$$x^2 X'' + xX' + b^2 xX = 0.$$

它是方程(3.4.2)当 $\alpha = 0, \beta = 1/2, \lambda = 2b, \nu = 0$ 时的特例,所以其通解为

$$X(x) = C_1 J_0(2b\sqrt{x}) + C_2 N_0(2b\sqrt{x}).$$

由条件(B),有

$$C_2 = 0, \quad J_0(2b\sqrt{l}) = 0.$$

若 $\mu_n (n = 1, 2, \cdots)$ 为 $J_0(x) = 0$ 的所有正根,则 $2b\sqrt{l} = \mu_n$. 所以

$$b_n = \frac{\mu_n}{2\sqrt{l}}, \quad X_n = J_0\left(\mu_n\sqrt{\frac{x}{l}}\right).$$

而

$$\lambda_n = \frac{\mu_n^2}{4l^2} - \frac{\omega^2}{a^2},$$

因 ω 很小,故 $\lambda_n > 0$. 记 $\lambda_n = \omega_n^2 (\omega_n > 0)$,由方程(C),可得

$$T_n(t) = (A_n \sin a\omega_n t + B_n \cos a\omega_n t).$$

于是满足方程和边界条件的一般解为

$$u(t,x) = \sum_{n=1}^{\infty} (A_n \sin a\omega_n t + B_n \cos a\omega_n t) \mathrm{J}_0 \left(\mu_n \sqrt{\frac{x}{l}} \right).$$

由初始条件,可得

$$u(0,x) = \sum_{n=1}^{\infty} B_n \mathrm{J}_0 \left(\mu_n \sqrt{\frac{x}{l}} \right) = f(x) \quad (0 < x < l),$$

$$u_t(0,x) = \sum_{n=1}^{\infty} A_n a\omega_n \mathrm{J}_0 \left(\mu_n \sqrt{\frac{x}{l}} \right) = g(x).$$

令 $\sqrt{x/l} = \xi$,可得

$$\sum_{n=1}^{\infty} B_n \mathrm{J}_0(\mu_n \xi) = f(l\xi^2) \quad (0 < \xi < 1),$$

$$\sum_{n=1}^{\infty} A_n a\omega_n \mathrm{J}_0(\mu_n \xi) = g(l\xi^2),$$

故

$$B_n = \frac{2}{\mathrm{J}_1^2(\mu_n)} \int_0^1 f(l\xi^2) \xi \mathrm{J}_0(\mu_n \xi) \mathrm{d}\xi = \frac{1}{l \mathrm{J}_1^2(\mu_n)} \int_0^l f(x) \mathrm{J}_0 \left(\mu_n \sqrt{\frac{x}{l}} \right) \mathrm{d}x.$$

同理

$$A_n = \frac{1}{a\omega_n l \mathrm{J}_1^2(\mu_n)} \int_0^l g(x) \mathrm{J}_0 \left(\mu_n \sqrt{\frac{x}{l}} \right) \mathrm{d}x.$$

将 A_n, B_n 代入,即可得到所求的解.

3.4.2   其他形式的贝塞尔函数

在实际应用中,还常常会遇到其他形式的贝塞尔函数. 这里介绍较常见的三种.

3.4.2.1   球贝塞尔函数

球贝塞尔方程

$$x^2 y'' + 2xy' + [x^2 - l(l+1)]y = 0 \tag{3.4.4}$$

的解,称为**球贝塞尔函数**. 方程(3.4.4)是方程(3.4.2)当 $\alpha = -1/2, \lambda = 1, \beta = 1, \nu = (2l+1)/2$ 时的特例,因此,其通解是

$$y = \sqrt{\frac{\pi}{2x}} [C_1 \mathrm{J}_{l+1/2}(x) + C_2 \mathrm{N}_{l+1/2}(x)].$$

这样,与第一类和第二类贝塞尔函数相对应,就有以下两种球贝塞尔函数:

$$\mathrm{j}_l(x) = \sqrt{\frac{\pi}{2x}} \mathrm{J}_{l+1/2}(x) \quad \text{及} \quad \mathrm{n}_l(x) = \sqrt{\frac{\pi}{2x}} \mathrm{N}_{l+1/2}(x). \tag{3.4.5}$$

这里添加常数因子 $\sqrt{\pi/2}$ 是为了计算方便. 特别地, 有

$$\mathrm{j}_0(x) = \sqrt{\frac{\pi}{2x}}\,\mathrm{J}_{1/2}(x) = \frac{\sin x}{x} \quad \text{及} \quad \mathrm{j}_{-1}(x) = \sqrt{\frac{\pi}{2x}}\,\mathrm{J}_{-1/2}(x) = \frac{\cos x}{x}.$$

于是, 球贝塞尔方程 (3.4.4) 的通解是

$$y(x) = C_1 \mathrm{j}_l(x) + C_2 \mathrm{n}_l(x). \tag{3.4.6}$$

当 $l \geqslant 0$ 时, 方程 (3.4.4) 在 $x = 0$ 处的有界解是

$$y = C_1 \mathrm{j}_l(x).$$

由贝塞尔函数和诺依曼函数的递推关系, 容易得到球贝塞尔函数的递推关系为

$$\mathrm{j}_{l-1}(x) + \mathrm{j}_{l+1}(x) = \frac{2l+1}{x}\mathrm{j}_l(x), \tag{3.4.7}$$

$$\mathrm{n}_{l-1}(x) + \mathrm{n}_{l+1}(x) = \frac{2l+1}{x}\mathrm{n}_l(x). \tag{3.4.8}$$

下面讨论球贝塞尔方程的本征值问题. 设有施图姆-刘维尔型方程

$$\frac{\mathrm{d}}{\mathrm{d}r}\left(r^2 \frac{\mathrm{d}R}{\mathrm{d}r}\right) - l(l+1)R + k^2 r^2 R = 0 \quad (0 < r < r_0). \tag{3.4.9}$$

$R(r)$ 在 $r = 0$ 处有自然边界条件, 在 $r = r_0$ 处满足第一类、第二类或第三类齐次边界条件. 由方程 (3.4.2)(取 $\alpha = -1/2, \lambda = k, \beta = 1, \nu = (2l+1)/2$), 可得方程 (3.4.9) 的通解为

$$R(r) = C_1 \mathrm{j}_l(kr) + C_2 \mathrm{n}_l(kr).$$

因 $R(0) < +\infty$, 可得 $C_2 = 0$, 故

$$R(r) = C_1 \mathrm{j}_l(kr).$$

再由所给边界条件, 就能确定本征值 k_n^2, 而相应的本征函数系 $\{\mathrm{j}_l(k_n r)\}$ 则构成 $(0, r_0)$ 上的带权 r^2 的完备正交函数系. 函数 $\mathrm{j}_l(k_n r)$ 的模的平方为

$$N_l^2 = \int_0^{r_0} \mathrm{j}_l^2(k_n r) r^2 \mathrm{d}r = \frac{\pi}{2k_n}\int_0^{r_0} \frac{1}{r}\mathrm{J}_{l+1/2}^2(k_n r) r^2 \mathrm{d}r = \frac{\pi}{2k_n}\int_0^{r_0}\mathrm{J}_{l+1/2}^2(k_n r) r\, \mathrm{d}r.$$

这实际上已化成贝塞尔函数的模的计算.

于是可将一个二次可微函数 $f(r)$(在 $r = 0$ 处有限, 在 $r = r_0$ 处满足边界条件) 按相应的球贝塞尔函数展开:

$$f(r) = \sum_{n=1}^{\infty} f_n \mathrm{j}_l(k_n r), \tag{3.4.10}$$

其中系数

$$f_n = \frac{1}{N_l^2}\int_0^{r_0} f(r)\mathrm{j}_l(k_n r) r^2 \mathrm{d}r. \tag{3.4.11}$$

【例 3.9】 设有一个均匀球,其半径为 l. 开始时,球体内各处温度均为零,现将球面保持定温 u_0,试求解此加热问题.

解 在球坐标系下求解. 设球内的温度分布为 $u(t,r,\theta,\varphi)$,则由题设可得

$$\begin{cases} u_t - a^2 \Delta u = 0, \\ u(0,r,\theta,\varphi) = 0, \\ u(t,l,\theta,\varphi) = u_0. \end{cases}$$

考虑到球关于 θ,φ 的对称性以及定解条件不依赖于 θ,φ,于是 u 也不依赖于 θ,φ,即 $u = u(t,r)$. 由于边界条件是非齐次的,因此需要先把它齐次化. 令 $u = u_0 + w(t,r)$,则 w 满足定解问题

$$\begin{cases} \dfrac{\partial w}{\partial t} - a^2 \left(\dfrac{\partial^2 w}{\partial r^2} + \dfrac{2}{r} \dfrac{\partial w}{\partial r} \right) = 0, \\ w(0,r) = -u_0, \quad w(t,l) = 0. \end{cases}$$

令 $w(t,r) = T(t)R(r)$,经变量分离后可得

$$T'' + a^2 \lambda T = 0,$$

$$\begin{cases} \dfrac{\mathrm{d}}{\mathrm{d}r} \left(r^2 \dfrac{\mathrm{d}R}{\mathrm{d}r} \right) + \lambda r^2 R = 0, \\ R(l) = 0. \end{cases}$$

记 $\lambda = k^2$,则

$$R(r) = C j_0(kr) = C \frac{\sin kr}{kr}.$$

由 $R(l) = 0$,可得 $\sin kl = 0$,所以

$$k_n = \frac{n\pi}{l} \quad (n = 1, 2, \cdots).$$

再将 $\lambda = k_n^2$ 代入 T 的方程,可得

$$T(t) = A \mathrm{e}^{-\left(\frac{n\pi a}{l}\right)^2 t},$$

因此

$$w = \sum_{n=1}^{\infty} C_n l \frac{1}{n\pi r} \sin \frac{n\pi r}{l} \mathrm{e}^{-\left(\frac{n\pi a}{l}\right)^2 t}.$$

再由初始条件,可得

$$\sum_{n=1}^{\infty} C_n l \frac{1}{n\pi r} \sin \frac{n\pi r}{l} = -u_0.$$

将右端按球贝塞尔函数展开,比较两边系数,可得

$$C_n = \frac{-\int_0^1 u_0 l \frac{1}{n\pi r}\sin\frac{n\pi r}{l} r^2 \,\mathrm{d}r}{\int_0^1 \left(\frac{1}{n\pi r}\sin\frac{n\pi r}{l}\right)^2 r^2 \,\mathrm{d}r} = 2(-1)^n u_0,$$

于是所求结果为

$$u(t,r) = u_0 + \frac{2u_0 l}{\pi r}\sum_{n=1}^{\infty}\frac{(-1)^n}{n}\sin\frac{n\pi r}{l}\mathrm{e}^{-\left(\frac{n\pi a}{l}\right)^2 t}.$$

3.4.2.2　第三类贝塞尔函数

第三类贝塞尔函数又称**汉克尔函数**,它由下列等式定义:

$$H_\nu^{(1)}(x) = J_\nu(x) + iN_\nu(x), \tag{3.4.12}$$

$$H_\nu^{(2)}(x) = J_\nu(x) - iN_\nu(x). \tag{3.4.13}$$

这里 $i=\sqrt{-1}$. 由于汉克尔函数是 $J_\nu(x)$ 与 $N_\nu(x)$ 的线性组合,所以它也有与第一类和第二类贝塞尔函数类似的微分关系和递推公式:

$$\frac{\mathrm{d}}{\mathrm{d}x}\left[x^\nu H_\nu^{(k)}(x)\right] = x^\nu H_{\nu-1}^{(k)}(x), \tag{3.4.14}$$

$$\frac{\mathrm{d}}{\mathrm{d}x}\left[x^{-\nu} H_\nu^{(k)}(x)\right] = -x^{-\nu} H_{\nu-1}^{(k)}(x) \quad (k=1,2), \tag{3.4.15}$$

$$H_{\nu-1}^{(k)}(x) + H_{\nu+1}^{(k)}(x) = \frac{2\nu}{x}H_\nu^{(k)}(x), \tag{3.4.16}$$

$$H_{\nu-1}^{(k)}(x) - H_{\nu+1}^{(k)}(x) = 2\frac{\mathrm{d}}{\mathrm{d}x}H_\nu^{(k)}(x). \tag{3.4.17}$$

当 $x\to\infty$ 时,由 $J_\nu(x)$ 与 $N_\nu(x)$ 的渐近公式,可得汉克尔函数的渐近公式为

$$H_\nu^{(1)}(x) \approx \sqrt{\frac{2}{\pi x}}\mathrm{e}^{i\left(x-\frac{\pi}{4}-\frac{\nu\pi}{2}\right)}, \tag{3.4.18}$$

$$H_\nu^{(2)}(x) \approx \sqrt{\frac{2}{\pi x}}\mathrm{e}^{-i\left(x-\frac{\pi}{4}-\frac{\nu\pi}{2}\right)}. \tag{3.4.19}$$

3.4.2.3　虚宗量的贝塞尔函数

当我们求解圆柱域上的定解问题时,如果圆柱上下两底的边界条件是齐次的,而侧面的边界条件是非齐次的,就会遇到形如

$$x^2 y'' + xy' - (x^2+\nu^2)y = 0 \quad (\nu\geqslant 0) \tag{3.4.20}$$

的方程,它与贝塞尔方程只有一项的符号有差别,是方程(3.4.2)当 $\alpha=0,\beta=1,\lambda=i=\sqrt{-1}$ 时的特例. 因此,方程(3.4.20)的通解为

$$y = C_1 J_\nu(ix) + C_2 N_\nu(ix), \tag{3.4.21}$$

其中

$$J_\nu(\mathrm{i}x) = \mathrm{i}^\nu \sum_{k=0}^\infty \frac{1}{k!\,\Gamma(k+\nu+1)}\left(\frac{x}{2}\right)^{2k+\nu}. \tag{3.4.22}$$

将上式乘以 $\mathrm{i}^{-\nu}$ 后,可得

$$I_\nu(x) = \sum_{k=0}^\infty \frac{1}{k!\,\Gamma(k+\nu+1)}\left(\frac{x}{2}\right)^{2k+\nu}. \tag{3.4.23}$$

$I_\nu(x)$ 称为**第一类虚宗量的贝塞尔函数**或**第一类修正贝塞尔函数**.

由于 $N_\nu(\mathrm{i}x)$ 在 $x=0$ 处有奇异性,因此,当仅考虑有界解时,方程(3.4.20)的通解是

$$y = C_1 I_\nu(x).$$

因为 $I_\nu(x)$ 不存在非零实零点,所以它的图形不是振荡型曲线,这一点与 $J_\nu(x)$ 不同.

【例3.10】 有一均匀圆柱,其半径为 r_0,高为 l,侧面有均匀分布的稳定热流流入,热流强度为 q,而圆柱上、下底的温度分别保持为 $f_2(r)$ 和 $f_1(r)$,求柱内的稳定温度分布.

解 在柱坐标系下求解. 设柱内的温度分布为 $u(r,\varphi,z)$,由题设可得定解问题

$$\begin{cases} \Delta u(r,\varphi,z)=0, \\ k u_r(r_0,\varphi,z)=q, \\ u(r,\varphi,0)=f_1(r), \quad u(r,\varphi,l)=f_2(r). \end{cases}$$

令 $u=v+w$,则该定解问题可分解成定解问题

$$\begin{cases} \Delta v(r,\varphi,z)=0, \\ k v_r(r_0,\varphi,z)=q, \\ v(r,\varphi,0)=0, \quad v(r,\varphi,l)=0 \end{cases}$$

和

$$\begin{cases} \Delta w(r,\varphi,z)=0, \\ k w_r(r_0,\varphi,z)=0, \\ w(r,\varphi,0)=f_1(r), \quad w(r,\varphi,l)=f_2(r). \end{cases}$$

其中第二个定解问题已在3.3节的例3.6中解出,现在来求解第一个定解问题. 由于对称性,v 显然不依赖于 φ. 设

$$v = R(r)Z(z),$$

代入方程,并经变量分离后可得

$$\begin{cases} Z'' + \lambda Z = 0, \\ Z(0)=0, \quad Z(l)=0 \end{cases}$$

和

$$r^2 R'' + r R' - \lambda r^2 R = 0. \tag{3.4.24}$$

由于函数 $Z(z)$ 的本征值和相应的本征函数分别是

$$\lambda_n = \left(\frac{n\pi}{l}\right)^2, \quad Z_n(z) = \sin\frac{n\pi}{l}z \quad (n=1,2,\cdots),$$

将本征值代入式(3.4.24),可得

$$r^2 R'' + r R' - \omega_n^2 r^2 R = 0, \tag{3.4.25}$$

其中 $\omega_n = n\pi/l$. 再令 $\xi = \omega_n r$,式(3.4.25)即为当 $\nu=0$ 时的方程(3.4.20). 因而式(3.4.25)的有界解是

$$R_n(r) = \mathrm{J}_0(\mathrm{i}\omega_n r) = \mathrm{I}_0(\omega_n r).$$

总结以上所述,我们可得到问题的一般解为

$$v(r,z) = \sum_{n=1}^{\infty} a_n \mathrm{I}_0\left(\frac{n\pi}{l}r\right) \sin\frac{n\pi}{l}z. \tag{3.4.26}$$

由圆柱侧面非齐次的边界条件,有

$$\frac{q}{k} = \sum_{n=1}^{\infty} a_n \frac{n\pi}{l} \mathrm{I}_0'\left(\frac{n\pi}{l}r_0\right) \sin\frac{n\pi}{l}z,$$

所以

$$a_n = \frac{l}{n\pi \mathrm{I}_0'(n\pi r_0/l)} \cdot \frac{2}{l}\int_0^l \frac{q}{k}\sin\frac{n\pi}{l}z\,\mathrm{d}z$$

$$= \begin{cases} 0, & n=2m, \\ \dfrac{4lq}{kn^2\pi^2 \mathrm{I}_1(n\pi r_0/l)}, & n=2m+1. \end{cases}$$

代入式(3.4.26),可得

$$v = \sum_{m=0}^{\infty} \frac{4lq}{k(2m+1)^2\pi^2 \mathrm{I}_1\left[\dfrac{(2m+1)\pi}{l}r_0\right]} \cdot \mathrm{I}_0\left[\frac{(2m+1)\pi}{l}r\right] \sin\frac{(2m+1)\pi}{l}z.$$

最后再把 v 和 3.3 节中例 3.6 求得的解 w 叠加,即可得到所求定解问题的解.

【例3.11】　求柱坐标系下三维拉普拉斯方程 $\Delta u = 0$ 的所有满足 $u(r,\varphi,z) = u(r,\varphi+2\pi,z)$ 的可分离变量解.

解　在柱坐标系下,三维拉普拉斯方程是

$$\frac{1}{r}\frac{\partial}{\partial r}\left(r\frac{\partial u}{\partial r}\right) + \frac{1}{r^2}\frac{\partial^2 u}{\partial \varphi^2} + \frac{\partial^2 u}{\partial z^2} = 0.$$

设 $u = R(r)\Phi(\varphi)Z(z)$，代入拉普拉斯方程并在方程两边同除以 $R\Phi Z$，可得

$$\frac{1}{rR}(rR')' + \frac{1}{r^2}\frac{\Phi''}{\Phi} + \frac{Z''}{Z} = 0.$$

令 $\dfrac{\Phi''}{\Phi} = -\mu, \dfrac{Z''}{Z} = \lambda$，可得本征值问题

$$\Phi'' + \mu\Phi = 0, \quad \Phi(\varphi + 2\pi) = \Phi(\varphi)$$

及常微分方程

$$Z'' + \lambda Z = 0 \tag{3.4.27}$$

和

$$r^2 R'' + rR' + (\lambda r^2 - \mu)R = 0. \tag{3.4.28}$$

关于 Φ 的本征值和本征函数分别是

$$\mu = m^2 \quad (m = 0, 1, 2, \cdots)$$

和

$$\Phi_m(\varphi) = C_m \cos m\varphi + D_m \sin m\varphi \quad (C_m, D_m \text{ 是任意常数}).$$

下面分三种情况考虑：

(1) 若 $\lambda > 0$，记 $\lambda = \omega^2$，则方程 (3.4.27) 和方程 (3.4.28) 的通解分别是
$$Z_\omega(z) = a_1 \cosh \omega z + a_2 \sinh \omega z, \quad R_{\omega m}(r) = b_1 \mathrm{J}_m(\omega r) + b_2 \mathrm{N}_m(\omega r),$$
其中 a_1, a_2, b_1, b_2 是任意常数. 所以

$$u = R_{\omega m}(r)\Phi_m(\varphi)Z_\omega(z).$$

(2) 若 $\lambda = 0$，则方程 (3.4.27) 和方程 (3.4.28) 的通解分别是
$$Z_0 = C + Dz,$$
$$R_0 = A_0 + B_0 \ln r \quad (m = 0),$$
$$R_m = A_m r^m + B_m r^{-m} \quad (m = 1, 2, \cdots),$$
其中 C, D, A_0, B_0 和 A_m, B_m 都是任意常数. 所以

$$u = R_0(r)Z_0(z) \quad (m = 0),$$
$$u = R_m(r)\Phi_m(\varphi)Z_\omega(z) \quad (m = 1, 2, \cdots).$$

(3) 若 $\lambda < 0$，记 $\lambda = -\omega^2$，则方程 (3.4.27) 和方程 (3.4.28) 的通解分别是
$$Z_{-\omega}(z) = c_1 \cos \omega z + c_2 \sin \omega z, \quad R_{-\omega m}(r) = d_1 \mathrm{I}_m(\omega r) + d_2 \mathrm{N}_m(\mathrm{i}\omega r),$$
其中 c_1, c_2, d_1, d_2 是任意常数. 所以

$$u = R_{-\omega m}(r)\Phi_m(\varphi)Z_{-\omega}(z) \quad (m = 0, 1, 2, \cdots).$$

1.计算下列微分:

(1) $\dfrac{\mathrm{d}}{\mathrm{d}x}J_0(ax)$;

(2) $\dfrac{\mathrm{d}}{\mathrm{d}x}[xJ_1(ax)]$.

2.用 $J_0(x)$ 的级数表示证明:$\displaystyle\int_0^{\frac{\pi}{2}}J_0(x\cos\theta)\cos\theta\,\mathrm{d}\theta=\dfrac{\sin x}{x}$.

3.证明:$x^{1/2}J_{3/2}(x)$ 是方程 $x^2y''+(x^2-2)y=0$ 的一个解.

4.证明下列等式:

(1) $1=J_0(x)+2\displaystyle\sum_{k=1}^{\infty}J_{2k}(x)$;

(2) $\sin x=2\displaystyle\sum_{k=0}^{\infty}(-1)^kJ_{2k+1}(x)$;

(3) $\cos x=J_0(x)+2\displaystyle\sum_{k=1}^{\infty}(-1)^kJ_{2k}(x)$.

5.证明下列等式:

(1) $\dfrac{\mathrm{d}}{\mathrm{d}x}J_{\nu}^2(x)=\dfrac{x}{2\nu}[J_{\nu-1}^2(x)-J_{\nu+1}^2(x)]$;

(2) $\dfrac{\mathrm{d}}{\mathrm{d}x}[xJ_0(x)J_1(x)]=x[J_0^2(x)-J_1^2(x)]$.

6.证明下列等式:

(1) $J_2(x)=J_0''(x)-\dfrac{1}{x}J_0'(x)$;

(2) $J_3(x)+3J_0'(x)+4J_0^{(3)}(x)=0$.

7.证明:$\displaystyle\int_0^x x^nJ_0(x)\mathrm{d}x=x^nJ_1(x)+(n-1)x^{n-1}J_0(x)-(n-1)^2\int_0^x x^{n-2}J_0(x)\mathrm{d}x$.

8.计算下列积分:

(1) $\displaystyle\int_0^x x^3J_0(x)\mathrm{d}x$;

(2) $\displaystyle\int_0^x x^4J_1(x)\mathrm{d}x$.

9.计算: $\int J_3(x)\mathrm{d}x$.

10.证明下列等式:

(1) $\int x^2 J_2(x)\mathrm{d}x = -x^2 J_1(x) + 3\int x J_1(x)\mathrm{d}x$;

(2) $\int x J_1(x)\mathrm{d}x = -x J_0(x) + \int J_0(x)\mathrm{d}x$.

11.证明下列等式:

(1) $\int J_0 \sin x\,\mathrm{d}x = x J_0 \sin x - x J_1 \cos x + C$;

(2) $\int J_0 \cos x\,\mathrm{d}x = x J_0 \cos x + x J_1 \sin x + C$.

12.设 ω_n 是 $J_1(x) = 0$ 的正根,把 $f(x) = x\ (0 < x < 1)$ 展开成贝塞尔函数 $J_1(\omega_n x)$ 的级数.

13.若 $f(x) = \sum\limits_{n=1}^{\infty} A_n J_0(\omega_n x)$,其中 $J_0(\omega_n) = 0, n = 1, 2, \cdots$ 证明下列等式:

(1) $\int_0^1 x f^2(x)\mathrm{d}x = \dfrac{1}{2}\sum\limits_{n=1}^{\infty} A_n^2 J_1^2(\omega_n)$;

(2) $1 = \sum\limits_{n=1}^{\infty} \dfrac{2}{\omega_n J_1(\omega_n)} J_0(\omega_n x)$;

(3) $\dfrac{1}{4} = \sum\limits_{n=1}^{\infty} \dfrac{1}{\omega_n^2}$.

14.已知半径为 R 的无限长圆柱体的侧表面保持恒定温度 u_0,柱内的初始温度为 0,求柱内的温度分布.

第四章　　勒让德函数

§4.1　勒让德方程及其解

4.1.1　勒让德方程的导出

在解球形域上的三维稳态问题时,常把拉普拉斯方程写成球坐标形式:

$$\Delta u = \frac{1}{r^2}\frac{\partial}{\partial r}\left(r^2\frac{\partial u}{\partial r}\right) + \frac{1}{r^2\sin\theta}\frac{\partial}{\partial\theta}\left(\sin\theta\frac{\partial u}{\partial\theta}\right) + \frac{1}{r^2\sin^2\theta}\frac{\partial^2 u}{\partial\varphi^2}$$
$$= 0. \tag{4.1.1}$$

设

$$u = R(r)\Theta(\theta)\Phi(\varphi),$$

代入式(4.1.1)并在方程两边同乘以 $\dfrac{r^2}{R\Theta\Phi}$,可得

$$\frac{1}{R}\frac{\mathrm{d}}{\mathrm{d}r}\left(r^2\frac{\mathrm{d}R}{\mathrm{d}r}\right) + \frac{1}{\Theta\sin\theta}\frac{\mathrm{d}}{\mathrm{d}\theta}\left(\sin\theta\frac{\mathrm{d}\Theta}{\mathrm{d}\theta}\right) + \frac{1}{\Phi\sin^2\theta}\frac{\mathrm{d}^2\Phi}{\mathrm{d}\varphi^2} = 0.$$

上式中第一项只与 r 有关,而后两项与 r 无关,因此它们都只能是常数且符号相反,可设

$$\frac{1}{R}\frac{\mathrm{d}}{\mathrm{d}r}\left(r^2\frac{\mathrm{d}R}{\mathrm{d}r}\right) = \lambda, \tag{4.1.2}$$

$$\frac{1}{\Theta\sin\theta}\frac{\mathrm{d}}{\mathrm{d}\theta}\left(\sin\theta\frac{\mathrm{d}\Theta}{\mathrm{d}\theta}\right) + \frac{1}{\Phi\sin^2\theta}\frac{\mathrm{d}^2\Phi}{\mathrm{d}\varphi^2} = -\lambda. \tag{4.1.3}$$

为了方便计算,习惯把 λ 写成 $l(l+1)$,则式(4.1.2)为欧拉方程

$$r^2 \frac{\mathrm{d}^2 R}{\mathrm{d}r^2} + 2r \frac{\mathrm{d}R}{\mathrm{d}r} - l(l+1)R = 0,$$

不难求出其解为

$$R = A_1 r^l + A_2 \frac{1}{r^{l+1}}.$$

在式(4.1.3)两边同乘以 $\sin^2\theta$,可得

$$\frac{\sin\theta}{\Theta} \frac{\mathrm{d}}{\mathrm{d}\theta}\left(\sin\theta \frac{\mathrm{d}\Theta}{\mathrm{d}\theta}\right) + l(l+1)\sin^2\theta + \frac{1}{\Phi}\frac{\mathrm{d}^2\Phi}{\mathrm{d}\varphi^2} = 0.$$

此式的前两项只与 θ 有关,后一项只与 φ 有关,因而它们都只能是常数,而且由于 $\Phi(\varphi)$ 应是以 2π 为周期的函数,故必有

$$\frac{1}{\Phi}\frac{\mathrm{d}^2\Phi}{\mathrm{d}\varphi^2} = -m^2 \quad (m = 0, 1, 2, \cdots), \tag{4.1.4}$$

$$\frac{\sin\theta}{\Theta} \frac{\mathrm{d}}{\mathrm{d}\theta}\left(\sin\theta \frac{\mathrm{d}\Theta}{\mathrm{d}\theta}\right) + l(l+1)\sin^2\theta = m^2, \tag{4.1.5}$$

则式(4.1.4)的解为

$$\Phi = B_1 \sin m\varphi + B_2 \cos m\varphi.$$

将式(4.1.5)第一项中的导数计算出来,并化简可得

$$\frac{\mathrm{d}^2\Theta}{\mathrm{d}\theta^2} + \cot\theta \frac{\mathrm{d}\Theta}{\mathrm{d}\theta} + \left[l(l+1) - \frac{m^2}{\sin^2\theta}\right]\Theta = 0.$$

令 $x = \cos\theta$,并令 $P(x) = \Theta(\theta(x))$,则上式变为

$$(1-x^2)\frac{\mathrm{d}^2 P}{\mathrm{d}x^2} - 2x\frac{\mathrm{d}P}{\mathrm{d}x} + \left[l(l+1) - \frac{m^2}{1-x^2}\right]P = 0. \tag{4.1.6}$$

由于 $0 \leqslant \theta \leqslant \pi$,所以 $-1 \leqslant x \leqslant 1$. 方程(4.1.6)称为**伴随(或连带)勒让德(Legendre)方程**. 如果定解问题与 φ 无关,则 Φ 亦与 φ 无关,故 $m = 0$,这时方程(4.1.6)成为

$$(1-x^2)\frac{\mathrm{d}^2 P}{\mathrm{d}x^2} - 2x\frac{\mathrm{d}P}{\mathrm{d}x} + l(l+1)P = 0.$$

这个方程称为**勒让德方程**. 一些定解问题的解决可归结为求勒让德方程的本征值和本征函数.

4.1.2　勒让德多项式

勒让德方程

$$(1-x^2)y'' - 2xy' + l(l+1)y = 0 \quad (|x| < 1) \tag{4.1.7}$$

可以改写成施图姆-刘维尔型方程

$$\frac{\mathrm{d}}{\mathrm{d}x}\left[(1-x^2)\frac{\mathrm{d}y}{\mathrm{d}x}\right]+l(l+1)y=0. \tag{4.1.8}$$

由于方程(4.1.7)或方程(4.1.8)在 $x=\pm1$ 处有奇异性,即 $k(x)=1-x^2$ 在 $x=\pm1$ 处为零. 所以,在 $(-1,1)$ 内讨论方程的本征值时,应在两端点 $x=\pm1$ 处加上自然边界条件,即

$$|y(\pm1)|<+\infty.$$

可以证明(证明从略):当 $l\neq$ 整数时,方程(4.1.7)在 $[-1,1]$ 上没有非零有界解. 这样,我们只研究方程(4.1.7)在 l 等于整数时的情况. 首先,我们注意到,当 $l=-n$(n 为正整数)时,由于 $-n(-n+1)=n(n-1)=(n-1)n$,故当 $l=-n$ 和 $n-1$ 时,方程(4.1.7)完全相同. 所以,我们只需讨论 $l=0,1,2,\cdots$

当 $n=0,1,2,\cdots$ 时,不难证明:多项式

$$P(x)=\frac{\mathrm{d}^n}{\mathrm{d}x^n}(x^2-1)^n$$

满足方程

$$(1-x^2)y''-2xy'+n(n+1)y=0. \tag{4.1.9}$$

事实上,令 $y=(x^2-1)^n$,则

$$y'=2nx(x^2-1)^{n-1},$$

因而

$$(x^2-1)y'=2nx(x^2-1)^n=2nxy.$$

在上式两端各取 $(n+1)$ 阶导数,由计算高阶导数的莱布尼茨公式,可得

$$(x^2-1)y^{(n+2)}+(n+1)\cdot2xy^{(n+1)}+\frac{n(n+1)}{2}\cdot2y^{(n)}$$

$$=2nxy^{(n+1)}+(n+1)\cdot2ny^{(n)},$$

即

$$(x^2-1)y^{(n+2)}+2xy^{(n+1)}-n(n+1)y^{(n)}=0,$$

亦即

$$(1-x^2)\frac{\mathrm{d}^2P}{\mathrm{d}x^2}-2x\frac{\mathrm{d}P}{\mathrm{d}x}+n(n+1)P=0.$$

通常在 $P(x)$ 前面添加一个常数因子 $\frac{1}{2^n\cdot n!}$,则

$$P_n(x)=\frac{1}{2^n\cdot n!}\frac{\mathrm{d}^n}{\mathrm{d}x^n}(x^2-1)^n. \tag{4.1.10}$$

它乃是方程(4.1.7)在 $[-1,1]$ 上的一个有界解.$P_n(x)$ 是一个 n 次多项式,称

为**勒让德多项式**,式(4.1.10) 称为**罗德里格(Rodrigues) 公式**.

由二项式公式,有

$$(x^2 - 1)^n = \sum_{k=0}^{n} \frac{(-1)^k n!}{k!(n-k)!} x^{2n-2k},$$

代入式(4.1.9),可得

$$P_n(x) = \sum_{k=0}^{M} \frac{(-1)^k (2n-2k)!}{2^n \cdot k!(n-k)!(n-2k)!} x^{n-2k}. \tag{4.1.11}$$

这里

$$M = \begin{cases} \dfrac{n}{2}, & n \text{ 为偶数时}, \\ \dfrac{n-1}{2}, & n \text{ 为奇数时}. \end{cases}$$

由式(4.1.11),可得

$$P_n(-x) = (-1)^n P_n(x).$$

于是,当 n 为偶数时,$P_n(x)$ 是偶函数;当 n 为奇数时,$P_n(x)$ 是奇函数.

前几个勒让德多项式分别为

$$P_0(x) = 1, \quad P_1(x) = x, \quad P_2(x) = \frac{1}{2}(3x^2 - 1), \quad P_3(x) = \frac{1}{2}(5x^3 - 3x),$$

$$P_4(x) = \frac{1}{8}(35x^4 - 30x^2 + 3), \quad P_5(x) = \frac{1}{8}(63x^5 - 70x^3 + 15x).$$

4.1.3　第二类勒让德函数

我们已经知道,勒让德多项式 $P_n(x)$ 是方程$(1-x^2)y'' - 2xy' + n(n+1)y = 0(n = 0, 1, \cdots)$ 的一个特解,根据常微分方程中的刘维尔公式,可以求出它的另一个与 $P_n(x)$ 线性无关的特解为

$$Q_n(x) = P_n(x) \int \frac{1}{P_n^2(x)} e^{-\int \frac{-2x}{1-x^2} dx} dx,$$

$$= P_n(x) \int \frac{dx}{(1-x^2)P_n^2(x)}, \tag{4.1.12}$$

其中 $Q_n(x)$ 称为**第二类勒让德函数**. 于是,方程(4.1.7) 的通解为

$$y(x) = C_1 P_n(x) + C_2 Q_n(x) \quad (C_1, C_2 \text{ 是任意常数}).$$

当 $n = 0(|x| < 1)$ 时,由式(4.1.12),有

$$Q_0(x) = P_0(x) \int \frac{dx}{1-x^2} = \frac{1}{2} P_0(x) \ln \frac{1+x}{1-x} \quad (|x| < 1);$$

当 $n=1(\mid x \mid < 1)$ 时,有

$$Q_1(x) = P_1(x) \int \frac{\mathrm{d}x}{(1-x^2)x^2} = P_1(x)\left(\frac{1}{2}\ln\frac{1+x}{1-x} - \frac{1}{x}\right)$$

$$= \frac{1}{2}P_1(x)\ln\frac{1+x}{1-x} - P_0(x).$$

一般地,可以得到

$$Q_n(x) = \frac{1}{2}P_n(x)\ln\frac{1+x}{1-x} - \sum_{k=1}^{N}\frac{2n-4k+3}{(2k-1)(n-k+1)}P_{n-2k+1}(x),$$

其中

$$N = \begin{cases} \dfrac{n}{2}, & n \text{ 为偶数时,} \\[2mm] \dfrac{n-1}{2}, & n \text{ 为奇数时.} \end{cases}$$

由此可见,当 $x \to \pm 1$ 时,$Q_n(x) \to \infty$,即 $Q_n(x)$ 在$[-1,1]$ 上无界.

§4.2　勒让德多项式的性质

4.2.1　积分表示

首先,由复变函数中的柯西积分公式,有

$$P_n(z) = \frac{1}{2^n \cdot n!}\frac{\mathrm{d}^n}{\mathrm{d}z^n}(z^2-1)^n = \frac{1}{2\pi \mathrm{i}2^n}\int_C \frac{(\zeta^2-1)^n}{(\zeta-z)^{n+1}}\mathrm{d}\zeta, \quad (4.2.1)$$

这里 C 是包围点 z 的任一闭合路径.

特别地,在式(4.2.1)中,令 $z=x\ (\mid x \mid < 1)$,并取以 x 为圆心、$\sqrt{1-x^2}$ 为半径的圆周作为闭合路径 C,于是

$$\zeta = x + \sqrt{1-x^2}\,\mathrm{e}^{\mathrm{i}\varphi}, \quad \mathrm{d}\zeta = \sqrt{1-x^2}\,\mathrm{i}\mathrm{e}^{\mathrm{i}\varphi}\mathrm{d}\varphi,$$

$$\zeta^2 - 1 = 2\sqrt{1-x^2}\,\mathrm{e}^{\mathrm{i}\varphi}(x + \sqrt{1-x^2}\,\mathrm{i}\sin\varphi),$$

$$(\zeta-x)^{n+1} = (\sqrt{1-x^2})^{n+1}\mathrm{e}^{\mathrm{i}(n+1)\varphi},$$

从而式(4.2.1)可化为

$$P_n(x) = \frac{1}{2\pi}\int_{-\pi}^{\pi}(x + \sqrt{1-x^2}\,\mathrm{i}\sin\varphi)^n\mathrm{d}\varphi \quad (4.2.2)$$

或者

$$P_n(x) = \frac{1}{\pi} \int_0^\pi \left(x + \sqrt{1-x^2}\,\mathrm{i}\cos\varphi \right)^n \mathrm{d}\varphi. \tag{4.2.3}$$

式(4.2.3) 称为**拉普拉斯公式**. 顺便指出,式(4.2.2) 和式(4.2.3) 虽是在 $|x| < 1$ 的条件下导出来的,但是由于它们的左右两端都是 x 的解析函数,于是,由解析开拓原理,式(4.2.2) 和式(4.2.3) 对任何复数 x 都成立.

特别地,取 $x = 1$,由式(4.2.3),有

$$P_n(1) = \frac{1}{\pi} \int_0^\pi \mathrm{d}\varphi = 1. \tag{4.2.4}$$

同理

$$P_n(-1) = \frac{1}{\pi} \int_0^\pi (-1)^n \mathrm{d}\varphi = (-1)^n. \tag{4.2.5}$$

当 $|x| \leqslant 1$ 时,由式(4.2.3),有

$$|P_n(x)| \leqslant \frac{1}{\pi} \int_0^\pi \left| x + \sqrt{1-x^2}\,\mathrm{i}\cos\varphi \right|^n \mathrm{d}\varphi \leqslant \frac{1}{\pi} \int_0^\pi \mathrm{d}\varphi = 1.$$

另外,利用罗德里格公式及罗尔定理不难证明,n 次多项式 $P_n(x)$ 的 n 个零点都是 $(-1,1)$ 内的相异实数.

4.2.2 母函数

设 t 是复数,考虑复变函数($|x| < 1$)

$$w(x,t) = (1 - 2tx + t^2)^{-1/2}.$$

若 $t = 0$,则根式的值为 1. 当 $|t| < 1$ 时,将上式展开成如下级数形式:

$$w(x,t) = (1 - 2xt + t^2)^{-1/2} = \sum_{n=0}^\infty C_n(x) t^n.$$

由于把 $w(x,t)$ 看成 t 的函数时,其在 $|t| < 1$ 内是解析的,因此有

$$C_n(x) = \frac{1}{2\pi \mathrm{i}} \int_C \frac{(1 - 2xt + t^2)^{-1/2}}{t^{n+1}} \mathrm{d}t, \tag{4.2.6}$$

其中 C 是 $|t| < 1$ 内包含原点的任何闭合路径. 利用变换

$$(1 - 2xt + t^2)^{1/2} = 1 - tu, \tag{4.2.7}$$

则上述积分化成有理函数的积分为

$$C_n(x) = \frac{1}{2\pi \mathrm{i}} \int_{C'} \frac{(u^2 - 1)^n}{2^n (u-x)^{n+1}} \mathrm{d}u. \tag{4.2.8}$$

这里 C' 是 C 在上述变换下的象,它是一个包含点 $u = x$ 的闭合路径. 根据柯西积分公式,可得

$$C_n(x) = \frac{1}{2^n \cdot n!} \left[\frac{\mathrm{d}^n}{\mathrm{d}u^n} (u^2 - 1)^n \right]_{u=x} = P_n(x),$$

因此有

$$w(x,t)=(1-2xt+t^2)^{-1/2}=\sum_{n=0}^{\infty}P_n(x)t^n. \tag{4.2.9}$$

函数 $w(x,t)$ 称为勒让德多项式的**母函数**或**生成函数**. 式(4.2.8)是勒让德多项式的积分表达式,称为**施勒夫利(Schlafli)公式**.

平方反比力的势与距离成反比,因而与母函数有着密切的关系. 设两点分别位于 r 和 r_0,r 和 r_0 的夹角为 θ,用 $r_>$ 表示 $|r|$ 与 $|r_0|$ 中的较大值,$r_<$ 表示两者中的较小值. 由余弦定理,两点间距离的倒数可用母函数展开式表示为

$$\begin{aligned}\frac{1}{|r-r_0|}&=\frac{1}{\sqrt{r^2-2rr_0\cos\theta+r_0^2}}\\&=\frac{1}{r_>\sqrt{1-2\dfrac{r_<}{r_>}\cos\theta+\left(\dfrac{r_<}{r_>}\right)^2}}\\&=\frac{1}{r_>}\sum_{n=0}^{\infty}\left(\frac{r_<}{r_>}\right)^n P_n(\cos\theta).\end{aligned} \tag{4.2.10}$$

4.2.3　递推公式

关于勒让德多项式,有以下四个递推公式($n\geqslant 1$):

$$(n+1)P_{n+1}(x)-x(2n+1)P_n(x)+nP_{n-1}(x)=0, \tag{4.2.11}$$
$$nP_n(x)-xP_n'(x)+P_{n-1}'(x)=0, \tag{4.2.12}$$
$$nP_{n-1}(x)-P_n'(x)+xP_{n-1}'(x)=0, \tag{4.2.13}$$
$$P_{n+1}'(x)-P_{n-1}'(x)=(2n+1)P_n(x). \tag{4.2.14}$$

先证式(4.2.12),为此在等式

$$(1-2xt+t^2)^{-1/2}=\sum_{n=0}^{\infty}P_n(x)t^n \tag{4.2.15}$$

两边对 t 求导,得

$$(x-t)(1-2xt+t^2)^{-3/2}=\sum_{n=0}^{\infty}nP_n(x)t^{n-1}. \tag{4.2.16}$$

再在式(4.2.15)两边对 x 求导,得

$$t(1-2xt+t^2)^{-3/2}=\sum_{n=0}^{\infty}P_n'(x)t^n. \tag{4.2.17}$$

然后在式(4.2.16)两边同乘以 t,在式(4.2.17)两边同乘以 $(x-t)$,则两个等式的左边完全一样,所以

$$t \sum_{n=0}^{\infty} n \mathrm{P}_n(x) t^{n-1} = (x-t) \sum_{n=0}^{\infty} \mathrm{P}_n'(x) t^n.$$

因 $\mathrm{P}_0'(x) \equiv 0$，则上式可改写为

$$\sum_{n=0}^{\infty} n \mathrm{P}_n(x) t^n = \sum_{n=1}^{\infty} x \mathrm{P}_n'(x) t^n - \sum_{n=1}^{\infty} \mathrm{P}_n'(x) t^{n+1}$$

$$= \sum_{n=1}^{\infty} \left[x \mathrm{P}_n'(x) - \mathrm{P}_{n-1}'(x) \right] t^n.$$

再比较两边的系数，即得式(4.2.12).

如果用 $(1 - 2xt + t^2)$ 乘以式(4.2.16)，再利用式(4.2.15)，可得

$$(x-t) \sum_{n=0}^{\infty} \mathrm{P}_n(x) t^n = (1 - 2xt + t^2) \sum_{n=0}^{\infty} n \mathrm{P}_n(x) t^{n-1}.$$

把上式两边的级数整理一下，然后比较 t^n 的系数，就可以得到式(4.2.11).

为了证明式(4.2.13)，先把式(4.2.11)微分，可得

$$(n+1) \mathrm{P}_{n+1}'(x) - (2n+1) \mathrm{P}_n(x) - x(2n+1) \mathrm{P}_n'(x) + n \mathrm{P}_{n-1}'(x) = 0.$$

$$(4.2.18)$$

再用 n 乘以式(4.2.12)，可得

$$n^2 \mathrm{P}_n(x) - nx \mathrm{P}_n'(x) + n \mathrm{P}_{n-1}'(x) = 0. \tag{4.2.19}$$

将式(4.2.19)减去式(4.2.18)，并约去因子，可得

$$(n+1) \mathrm{P}_n(x) - \mathrm{P}_{n+1}'(x) + x \mathrm{P}_n'(x) = 0. \tag{4.2.20}$$

将式(4.2.20)中的 n 换为 $n-1$，即得式(4.2.13). 最后，再把式(4.2.20)和式(4.2.12)相加，即可得到式(4.2.14).

【例 4.1】 设 $m \geqslant 1, n \geqslant 1$，试证明：

$$(m+n+1) \int_0^1 x^m \mathrm{P}_n(x) \mathrm{d}x = m \int_0^1 x^{m-1} \mathrm{P}_{n-1}(x) \mathrm{d}x.$$

证 由递推公式(4.2.12)，可得

$$n \int_0^1 x^m \mathrm{P}_n(x) \mathrm{d}x = \int_0^1 x^m \left[x \mathrm{P}_n'(x) - \mathrm{P}_{n-1}'(x) \right] \mathrm{d}x$$

$$= x^{m+1} \mathrm{P}_n(x) \Big|_0^1 - \int_0^1 (m+1) x^m \mathrm{P}_n(x) \mathrm{d}x - x^m \mathrm{P}_{n-1}(x) \Big|_0^1$$

$$+ \int_0^1 mx^{m-1} \mathrm{P}_{n-1}(x) \mathrm{d}x$$

$$= -(m+1) \int_0^1 x^m \mathrm{P}_n(x) \mathrm{d}x + m \int_0^1 x^{m-1} \mathrm{P}_{n-1}(x) \mathrm{d}x.$$

移项即可得要证的等式.

【例 4.2】 计算积分 $\int_0^1 \mathrm{P}_n(x) \mathrm{d}x$，其中 n 为偶数.

解 由递推公式(4.2.14),可得

$$\int_0^1 P_n(x)dx = \frac{1}{2n+1}\int_0^1 \left[P'_{n+1}(x) - P'_{n-1}(x)\right]dx$$

$$= \frac{1}{2n+1}\left[P_{n+1}(x) - P_{n-1}(x)\right]\Big|_0^1$$

$$= \frac{1}{2n+1}\left[P_{n-1}(0) - P_{n+1}(0)\right].$$

由于 n 为偶数,则 $n-1$ 和 $n+1$ 均为奇数,$P_{n-1}(x)$ 和 $P_{n+1}(x)$ 都是奇函数,因而

$$P_{n-1}(0) = P_{n+1}(0) = 0,$$

故

$$\int_0^1 P_n(x)dx = 0.$$

§4.3 勒让德方程的本征值问题

本节考察勒让德方程的本征值问题

$$\left[(1-x^2)y'\right]' + \lambda y = 0 \quad (-1 \leqslant x \leqslant 1). \tag{4.3.1}$$

由于端点 $x = \pm 1$ 均为正则奇点,应附加自然边界条件,即 $|y(\pm 1)| < +\infty$,用广义幂级数方法求解可知,只有当 $\lambda_n = n(n+1)$ $(n=0,1,2,\cdots)$ 时,方程(4.3.1)有有界解,因而其通解是

$$y = C_1 P_n(x) + C_2 Q_n(x).$$

由于 $x \to \pm 1$ 时,$Q_n(x) \to \infty$,故 $C_2 = 0$. 于是和 λ_n 相应的本征函数为

$$y_n = P_n(x) \quad (n=0,1,2,\cdots).$$

根据施图姆-刘维尔理论,勒让德多项式族

$$\{P_n(x)\} \quad (n=0,1,2,\cdots)$$

是 $[-1,1]$ 上的完备正交函数系. 为了计算这个函数系的模,将母函数

$$(1-2tx+t^2)^{-1/2} = \sum_{n=0}^{\infty} P_n(x)t^n$$

两边平方后,再对 x 从 -1 到 1 积分,可得

$$\int_{-1}^1 \frac{dx}{1-2tx+t^2} = \sum_{m=0}^{\infty}\sum_{n=0}^{\infty}\left[\int_{-1}^1 P_m(x)P_n(x)dx\right]t^{m+n}.$$

由正交性,有

$$\sum_{n=0}^{\infty}\left[\int_{-1}^{1}P_n^2(x)\,\mathrm{d}x\right]t^{2n} = -\frac{1}{2t}\ln(1-2tx+t^2)\big|_{-1}^{1}$$

$$= \frac{1}{t}\big[\ln(1+t)-\ln(1-t)\big]$$

$$= \sum_{n=0}^{\infty}\frac{2}{2n+1}t^{2n}.$$

比较两边系数，可得

$$\|P_n(x)\|^2 = \int_{-1}^{1}P_n^2(x)\,\mathrm{d}x = \frac{2}{2n+1}.$$

定理：设 $f(x)$ 是 $(-1,1)$ 内的任何实值函数，且满足：

(1) $f(x)$ 在 $(-1,1)$ 内是分段光滑的；

(2) 积分 $\int_{-1}^{1}f^2(x)\,\mathrm{d}x$ 具有有限值，

则 $f(x)$ 可以按勒让德多项式展开成无穷级数

$$f(x) = \sum_{n=0}^{\infty}C_n P_n(x),$$

其中

$$C_n = \frac{1}{\|P_n(x)\|^2}\int_{-1}^{1}f(x)P_n(x)\,\mathrm{d}x = \frac{2n+1}{2}\int_{-1}^{1}f(x)P_n(x)\,\mathrm{d}x.$$

对于 $(-1,1)$ 内的每一个点 x，此级数收敛于 $f(x)$ 在点 x 的左、右极限的平均值，特别地，在 $f(x)$ 的连续点，该级数收敛于本身。

根据上述定理，我们可以换一个角度看母函数。将 4.2 节中的式 (4.2.15) 改写成

$$(1-2xt+t^2)^{-1/2} = \sum_{n=0}^{\infty}t^n P_n(x), \qquad (4.3.2)$$

把 $t(|t|<1)$ 看作参数，则式 (4.3.2) 可看成 $(1-2xt+t^2)^{-1/2}$ 按函数系 $\{P_n(x)\}$ 的展开式。于是，由系数公式，有

$$t^n = \frac{2n+1}{2}\int_{-1}^{1}(1-2xt+t^2)^{-1/2}P_n(x)\,\mathrm{d}x \qquad (|t|<1, n=0,1,2,\cdots).$$

$$(4.3.3)$$

当 $|t|>1$ 时，由于 $|1/t|<1$，故式 (4.3.2) 成为

$$\left(1-2x\frac{1}{t}+\frac{1}{t^2}\right)^{-1/2} = \sum_{n=0}^{\infty}\frac{1}{t^n}P_n(x),$$

即

$$(1 - 2xt + t^2)^{-1/2} = \sum_{n=0}^{\infty} \frac{1}{t^{n+1}} P_n(x),$$

所以

$$\frac{1}{t^{n+1}} = \frac{2n+1}{2} \int_{-1}^{1} (1 - 2xt + t^2)^{-1/2} P_n(x) dx \qquad (|t| > 1, n = 0, 1, 2, \cdots).$$

【例 4.3】　将函数

$$f(x) = \begin{cases} 0, & -1 < x < \alpha, \\ \dfrac{1}{2}, & x = \alpha, \\ 1, & \alpha < x < 1 \end{cases}$$

按勒让德多项式展开.

解　先计算系数，有

$$C_0 = \frac{1}{2} \int_{-1}^{1} f(x) P_0(x) dx = \frac{1}{2} \int_{\alpha}^{1} dx = \frac{1}{2}(1 - \alpha),$$

$$C_n = \frac{2n+1}{2} \int_{-1}^{1} f(x) P_n(x) dx = \frac{2n+1}{2} \int_{\alpha}^{1} P_n(x) dx$$

$$= \frac{1}{2} \int_{\alpha}^{1} [P'_{n+1}(x) - P'_{n-1}(x)] dx = \frac{1}{2} [P_{n-1}(\alpha) - P_{n+1}(\alpha)] \quad (n \geqslant 1),$$

所以

$$f(x) = \frac{1}{2}(1 - \alpha) + \frac{1}{2} \sum_{n=1}^{\infty} [P_{n-1}(\alpha) - P_{n+1}(\alpha)] P_n(x).$$

【例 4.4】　将 $f(x) = x^2$ 按勒让德多项式展开.

解　由于当 $n > 2$ 时有

$$\int_{-1}^{1} x^2 P_n(x) dx = 0,$$

所以我们可设

$$x^2 = C_0 P_0(x) + C_1 P_1(x) + C_2 P_2(x).$$

利用 $P_n(x)$ 的奇偶性，还可以更简单地设

$$x^2 = C_0 P_0(x) + C_2 P_2(x),$$

即

$$x^2 = C_0 + C_2 \frac{3x^2 - 1}{2}.$$

比较上式两边的系数，可得

$$\begin{cases} \dfrac{3}{2}C_2 = 1, \\ C_0 - \dfrac{1}{2}C_2 = 0, \end{cases}$$

解得

$$C_0 = \frac{1}{3}, \quad C_2 = \frac{2}{3},$$

所以

$$x^2 = \frac{1}{3}P_0(x) + \frac{2}{3}P_2(x).$$

回到 4.1 节的讨论,由勒让德方程本征值问题的解,可以断定:在球坐标系下,$\Delta u = 0$ 的不依赖于 φ 的可分离变量的解的一般形式是

$$u(r,\theta) = \sum_{n=0}^{\infty} [A_n r^n + B_n r^{-(n+1)}] P_n(\cos\theta). \tag{4.3.4}$$

对于具体的定解问题,可从这个级数形式出发解题,根据定解条件确定系数 A_n 和 B_n.

【例 4.5】 在半径为 a 的接地金属球面内,设置一点电荷 $4\pi\varepsilon_0 q$(ε_0 为真空介电常数),它与球心的距离为 b,求球内的电势.

解 由于该问题具有轴对称性,故可采用球坐标系求解.选取球心为坐标原点,并使 z 轴通过电荷所在的点 A.由静电感应,金属球面内的点电荷 $4\pi\varepsilon_0 q$,会使球面内侧感应有一定分布密度的负电荷,其总电量为 $-4\pi\varepsilon_0 q$.由于球面接地,球面外侧的感应正电荷将消失,因此这个静电场可以看成两个电场的合成,即球内任一点 $M(r,\theta,\varphi)$ 的电势为

$$\Phi(r,\theta,\varphi) = \frac{q}{\rho} + u(r,\theta,\varphi).$$

这里 q/ρ 是 M 点由点电荷 $4\pi\varepsilon_0 q$ 所产生的电势,u 为球面内侧感应电荷所产生的电势,且

$$\rho = r(A,M) = \sqrt{r^2 - 2br\cos\theta + b^2}.$$

因球面接地,故 $\Phi(a,\theta,\varphi) = 0$,所以

$$u(a,\theta,\varphi) = \frac{-q}{\sqrt{a^2 - 2ab\cos\theta + b^2}} = f(\theta).$$

于是,所求问题可归结为解定解问题

$$\begin{cases} \Delta u = 0 \quad (0 \leqslant r < a, 0 \leqslant \theta < \pi, 0 \leqslant \varphi < 2\pi), \\ u(a,\theta,\varphi) = f(\theta). \end{cases}$$

由于边界条件与 φ 无关,所以问题的解也与 φ 无关,因而可将其代入级数解 (4.3.4).又因为求解区域为球体内部,应有 $u|_{r=0}$ 有界,由此可知级数解(4.3.4) 中 $B_n = 0$.为方便起见,把解式写成

$$u(r,\theta) = \sum_{n=0}^{\infty} A_n \left(\frac{r}{a}\right)^n P_n(\cos\theta),$$

由边界条件,可得

$$f(\theta) = \sum_{n=0}^{\infty} A_n P_n(\cos\theta). \tag{4.3.5}$$

令 $x = \cos\theta$,当 $m \neq n$ 时,有

$$\int_0^\pi P_m(\cos\theta) P_n(\cos\theta) \sin\theta \,d\theta = \int_{-1}^1 P_m(x) P_n(x) \,dx = 0,$$

即函数系 $\{P_n(\cos\theta)\}$ $(n=0,1,2,\cdots)$ 是$[0,\pi]$上带权 $\sin\theta$ 的正交函数系,且

$$\| P_n(\cos\theta) \|^2 = \int_0^\pi P_n^2(\cos\theta) \sin\theta \,d\theta = \int_{-1}^1 P_n^2(x) \,dx = \frac{2}{2n+1}.$$

于是,由式(4.3.5)可得

$$A_n = \frac{2n+1}{2} \int_0^\pi \frac{-q}{\sqrt{a^2 - 2ab\cos\theta + b^2}} P_n(\cos\theta) \sin\theta \,d\theta$$

$$= \frac{2n+1}{2} \int_{-1}^1 \frac{-q}{\sqrt{a^2 - 2abx + b^2}} P_n(x) \,dx$$

$$= -q \frac{2n+1}{2a} \int_{-1}^1 \left[1 - 2\frac{b}{a}x + \left(\frac{b}{a}\right)^2\right]^{-1/2} P_n(x) \,dx.$$

由于 $0 < b/a < 1$,故依式(4.3.3),可得

$$A_n = -\frac{q}{a} \left(\frac{b}{a}\right)^n.$$

把 A_n 代入级数解(4.3.4),并利用式(4.3.2)(令 $x = \cos\theta$),可得

$$u(r,\theta) = -\frac{q}{a} \sum_{n=0}^{\infty} \left(\frac{br}{a^2}\right)^n P_n(\cos\theta) = -\frac{q}{a} \left[1 - \frac{2br}{a^2}\cos\theta + \left(\frac{br}{a^2}\right)^2\right]^{-1/2}$$

$$= -\frac{aq}{b} \left[\left(\frac{a^2}{b}\right)^2 - 2\frac{a^2}{b}r\cos\theta + r^2\right]^{-1/2} = \frac{q'}{\rho'},$$

其中

$$q' = -\frac{a}{b}q,$$

$$\rho' = \sqrt{\left(\frac{a^2}{b}\right)^2 - 2\frac{a^2}{b}r\cos\theta + r^2},$$

所以

$$\Phi = \frac{q}{\rho} + \frac{q'}{\rho'}.$$

【例 4.6】 在均匀静电场中放一个带有电量 Q 的导体球,设球心在原点,球的半径为 a,求球外的电势.

解 由于该问题具有轴对称性,故可采用球坐标系求解. 取球心为坐标原点,并把 z 轴取在原来的均匀电场的场强方向. 将导体球放入均匀电场后,球外电场的电势 U 是匀强电场的电势 u_1 和球面电荷分布所产生的电势 u 之和,即

$$U = u + u_1.$$

因为电场为匀强电场,所以不能取无穷远为电势零点. 匀强电场的场强可表示为

$$\boldsymbol{E}_0 = E_0 \boldsymbol{k} = -\nabla u_1,$$

其中

$$E_0 = -\frac{\partial u_1}{\partial z}.$$

故

$$u_1 = -E_0 z + C = -E_0 r \cos\theta + C,$$

其中 C 为待定常数. 由于球外无电荷,故 u 满足拉普拉斯方程

$$\Delta u = 0 \quad (r > a). \tag{4.3.6}$$

又由于导体表面是个等位面,可令其电势为零,即 $U(r,\theta,\varphi)=0$,从而

$$u(a,\theta,\varphi) = -u_1(a,\theta,\varphi) = E_0 a \cos\theta - C. \tag{4.3.7}$$

因为电量分布在空间的有界区域内,故

$$\lim_{r\to\infty} u = 0. \tag{4.3.8}$$

式(4.3.7)和(4.3.8)即为 u 的定解条件,式(4.3.6)为 u 的泛定方程. 注意到式(4.3.7)和式(4.3.8)不依赖于 φ,因此可设

$$u(r,\theta) = \sum_{n=0}^{\infty} \left[A_n r^n + B_n r^{-(n+1)} \right] \mathrm{P}_n(\cos\theta).$$

由式(4.3.8),有 $A_n = 0$ $(n=0,1,2,\cdots)$;由式(4.3.7),有

$$\frac{B_0}{a} + \frac{B_1}{a^2}\cos\theta + \frac{B_2}{a^3}\mathrm{P}_2(\cos\theta) + \cdots = E_0\cos\theta - C.$$

比较两边系数,可得

$$B_0 = -aC, \quad B_1 = E_0 a^3, \quad B_2 = B_3 = \cdots = 0,$$

故

$$u = \frac{E_0 a^3}{r^2} \cos \theta - \frac{Ca}{r},$$

所以

$$U = E_0 \left(\frac{a^3}{r^2} - r \right) \cos \theta - C \left(1 - \frac{a}{r} \right). \tag{4.3.9}$$

为了确定常数 C，先计算电场强度：

$$\boldsymbol{E} = -\nabla U = -\left(\frac{\partial U}{\partial r} \boldsymbol{e}_r + \frac{1}{r} \frac{\partial U}{\partial \theta} \boldsymbol{e}_\theta + \frac{1}{r \sin \theta} \frac{\partial U}{\partial \varphi} \boldsymbol{e}_\varphi \right).$$

即

$$E_r = -\frac{\partial U}{\partial r} = E_0 \cos \theta \left[1 + 2 \left(\frac{a}{r} \right)^3 \right] - \frac{Ca}{r^2},$$

$$E_\theta = -\frac{1}{r} \frac{\partial U}{\partial \theta} = E_0 \left[\left(\frac{a}{r} \right)^3 - 1 \right] \sin \theta,$$

$$E_\varphi = -\frac{1}{r \sin \theta} \frac{\partial U}{\partial \varphi} = 0,$$

因而在 $r = a$ 的球面 S 上，有

$$\boldsymbol{E} = \left(3E_0 \cos \theta - \frac{C}{a} \right) \boldsymbol{e}_r.$$

由静电学中的高斯定理，可得导体表面的总电量为

$$Q = \oiint_S \varepsilon_0 \boldsymbol{E} \cdot \mathrm{d}\boldsymbol{S} = a^2 \varepsilon_0 \int_0^{2\pi} \mathrm{d}\varphi \int_0^\pi \left(3E_0 \cos \theta - \frac{C}{a} \right) \sin \theta \mathrm{d}\theta = -4\pi a \varepsilon_0 C,$$

所以

$$C = -\frac{Q}{4\pi a \varepsilon_0}.$$

把 C 代入式(4.3.9)，可得

$$U = E_0 \left(\frac{a^3}{r^2} - r \right) \cos \theta + \frac{Q}{4\pi a \varepsilon_0} \left(1 - \frac{a}{r} \right).$$

§4.4　球谐函数

4.4.1　伴随勒让德函数

在 4.1 节的讨论中，通过对拉普拉斯方程进行变量分离，当 u 与 φ 有关时，

得到了伴随勒让德方程,即

$$(1-x^2)y'' - 2xy' + \left[l(l+1) - \frac{m^2}{1-x^2}\right]y = 0 \quad (m = 1, 2, \cdots).$$

$$(4.4.1)$$

式(4.4.1)可写成施图姆-刘维尔型方程

$$\frac{d}{dx}\left[(1-x^2)\frac{dy}{dx}\right] - \frac{m^2}{1-x^2}y + l(l+1)y = 0,$$

其中 m 是正整数. 下面寻找这个方程的解.

为此,在勒让德方程

$$(1-x^2)\frac{d^2v}{dx^2} - 2x\frac{dv}{dx} + l(l+1)v = 0$$

两端对 x 微分 m 次,可得

$$\frac{d^m}{dx^m}\left[(1-x^2)\frac{d^2v}{dx^2}\right] - \frac{d^m}{dx^m}\left[2x\frac{dv}{dx}\right] + l(l+1)\frac{d^mv}{dx^m} = 0. \quad (4.4.2)$$

由计算高阶导数的莱布尼茨公式,有

$$\frac{d^m}{dx^m}\left[(1-x^2)\frac{d^2v}{dx^2}\right] = \frac{d^{m+2}v}{dx^{m+2}}(1-x^2) - m\frac{d^{m+1}v}{dx^{m+1}}\cdot 2x - \frac{m(m-1)}{2}\frac{d^mv}{dx^m}\cdot 2,$$

$$\frac{d^m}{dx^m}\left(2x\frac{dv}{dx}\right) = \frac{d^{m+1}v}{dx^{m+1}}\cdot 2x + m\frac{d^mv}{dx^m}\cdot 2.$$

令 $u = v^{(m)}$,则式(4.4.2)成为

$$(1-x^2)\frac{d^2u}{dx^2} - 2x(m+1)\frac{du}{dx} + [l(l+1) - m(m+1)]u = 0. \quad (4.4.3)$$

再作变换 $y = (1-x^2)^{m/2}u$,就可以得到伴随勒让德方程(4.4.1). 由上面的讨论可知,若 v 是勒让德方程的解,则

$$y = (1-x^2)^{m/2}u = (1-x^2)^{m/2}\frac{d^mv}{dx^m}$$

是伴随勒让德方程(4.4.1)的解. 特别地,当 $l = n = 0, 1, 2, \cdots$ 时,方程(4.4.1)的有界解是

$$y = P_n^m(x) = (1-x^2)^{m/2}\frac{d^m}{dx^m}P_n(x) \quad (m \leqslant n, |x| < 1). \quad (4.4.4)$$

$P_n^m(x)$ 称为**伴随(或连带)勒让德函数**. 这时,方程(4.4.1)的另一个线性无关的特解是

$$y_1 = (1-x^2)^{m/2}\frac{d^m}{dx^m}Q_n(x). \quad (4.4.5)$$

由于 $Q_n(x)$ 中含有 $\ln(1\pm x)$，因而 $Q_n^{(m)}(x)$ 中含有 $(1\pm x)^{-m}$. 所以，当 $x\to\pm 1$ 时，$y_1(x)$ 是无界的.

根据施图姆 - 刘维尔理论，函数系 $\{P_n^m(x)\}$ $(n=0,1,2,\cdots;m=0,1,2,\cdots,n)$ 构成 $(-1,1)$ 上的完备正交系，即

$$\int_{-1}^{1} P_n^m(x)P_l^m(x)\mathrm{d}x = 0 \quad (n\neq l). \tag{4.4.6}$$

下面计算这个函数系的范数：

$$N_{nm}^2 = \int_{-1}^{1}\left[P_n^m(x)\right]^2\mathrm{d}x$$

$$= \frac{1}{2^{2n}(n!)^2}\int_{-1}^{1}(1-x^2)^m\left[\frac{\mathrm{d}^{m+n}}{\mathrm{d}x^{m+n}}(x^2-1)^n\right]^2\mathrm{d}x. \tag{4.4.7}$$

令

$$G(x)=(1-x^2)^m\frac{\mathrm{d}^{m+n}}{\mathrm{d}x^{m+n}}(x^2-1)^n, \tag{4.4.8}$$

则 $G(x)$ 是一个 $(m+n)$ 次多项式，于是

$$N_{nm}^2 = \frac{1}{2^{2n}(n!)^2}\int_{-1}^{1}G(x)\frac{\mathrm{d}^{m+n}}{\mathrm{d}x^{m+n}}(x^2-1)^n\mathrm{d}x. \tag{4.4.9}$$

分部积分 m 次，因 $G(x)$ 中含有因子 $(1-x^2)^m$，故

$$G^{(k)}(\pm 1)=0 \quad (k=0,1,2,\cdots,m-1), \tag{4.4.10}$$

因此，有

$$N_{nm}^2 = \frac{(-1)^m}{2^{2n}(n!)^2}\int_{-1}^{1}G^{(m)}(x)\frac{\mathrm{d}^n}{\mathrm{d}x^n}(x^2-1)^n\mathrm{d}x. \tag{4.4.11}$$

再分部积分 n 次，由于

$$\left[\frac{\mathrm{d}^k}{\mathrm{d}x^k}(x^2-1)^n\right]\Bigg|_{x=\pm 1}=0 \quad (k=0,1,2,\cdots,n-1),$$

且 $G^{(m+n)}(x)=$ 常数，则

$$N_{nm}^2 = \frac{(-1)^{m+n}}{2^{2n}(n!)^2}G^{(m+n)}(x)\int_{-1}^{1}(x^2-1)^n\mathrm{d}x. \tag{4.4.12}$$

由于多项式 $G(x)$ 的最高次方是 $(-1)^m x^{2m}\dfrac{\mathrm{d}^{m+n}}{\mathrm{d}x^{m+n}}x^{2n}$，故

$$G^{(m+n)}(x)=\frac{\mathrm{d}^{m+n}}{\mathrm{d}x^{m+n}}\left[(-1)^m x^{2m}\cdot 2n(2n-1)\cdots(n-m+1)x^{n-m}\right]$$

$$=(-1)^m\frac{(2n)!}{(n-m)!}\frac{\mathrm{d}^{m+n}}{\mathrm{d}x^{m+n}}x^{n+m}=(-1)^m\frac{(2n)!\,(n+m)!}{(n-m)!}.$$

再令 $x=1-2t$，则

$$\int_{-1}^{1} (x^2-1)^n \mathrm{d}x = (-1)^n 2^{2n+1} \int_{0}^{1} t^n (1-t)^n \mathrm{d}t = (-1)^n 2^{2n+1} \mathrm{B}(n+1, n+1)$$

$$= (-1)^n 2^{2n+1} \frac{\Gamma^2(n+1)}{\Gamma(2n+2)} = (-1)^n 2^{2n+1} \frac{(n!)^2}{(2n+1)!}.$$

将以上结果代入式(4.4.12),可得

$$N_{nm}^2 = \frac{2}{2n+1} \cdot \frac{(n+m)!}{(n-m)!}. \tag{4.4.13}$$

特别地,当 $m=0$ 时, $N_{n0}^2 = \dfrac{2}{2n+1}$,这正是勒让德多项式的范数的平方.

如果利用罗德里格公式表示勒让德多项式,则可得到对 $\pm m$ 都有效的伴随勒让德函数的定义:

$$\mathrm{P}_l^m(x) = \frac{(-1)^m}{2^l l!} (1-x^2)^{m/2} \frac{\mathrm{d}^{l+m}}{\mathrm{d}x^{l+m}} (x^2-1)^l, \tag{4.4.14}$$

并且可以证明

$$\mathrm{P}_l^{-m}(x) = (-1)^m \frac{(l-m)!}{(l+m)!} \mathrm{P}_l^m(x). \tag{4.4.15}$$

由式(4.4.14) 和式(4.4.15),易知在端点 ± 1 处有

$$\mathrm{P}_l^{\pm m}(\pm 1) = 0 \quad (m \neq 0). \tag{4.4.16}$$

4.4.2　球谐函数

回到 4.1 节的讨论,可以得知,在球坐标系下, $\Delta u = 0$ 的级数解为

$$u(r, \theta, \varphi) = \sum_{n=0}^{\infty} \sum_{m=0}^{n} [A_n r^n + B_n r^{-(n+1)}] \mathrm{P}_n^m(\cos \theta)(C_{nm} \cos m\varphi + D_{nm} \sin m\varphi),$$
$$\tag{4.4.17}$$

这里对 m 的求和只取 $0 \sim n$,是因为当 $m > n$ 时, $\mathrm{P}_n^m(x) \equiv 0$.

由式(4.4.17)可见,拉普拉斯方程的解是函数族

$$r^n \mathrm{P}_n^m(\cos \theta) \begin{cases} \cos m\varphi, \\ \sin m\varphi \end{cases} \tag{4.4.18}$$

和

$$\frac{1}{r^{n+1}} \mathrm{P}_n^m(\cos \theta) \begin{cases} \cos m\varphi, \\ \sin m\varphi \end{cases} \quad (n=0,1,2,\cdots; m=0,1,2,\cdots,n)$$
$$\tag{4.4.19}$$

的线性组合,其中记号 $\begin{cases} \cos m\varphi, \\ \sin m\varphi \end{cases}$ 表示或取 $\cos m\varphi$,或取 $\sin m\varphi$. 上述函数族称为**球体函数**,其中只与角度 θ, φ 有关的因式为

$$S_n^m(\theta,\varphi) = P_n^m(\cos\theta) \begin{cases} \cos m\varphi, \\ \sin m\varphi. \end{cases} \tag{4.4.20}$$

将式(4.4.20)中的函数用复数形式写出,即可得到在物理学科和工程技术中广泛使用的**球谐函数**.

球谐函数的定义如下:

$$Y_{lm}(\theta,\varphi) = \sqrt{\frac{2l+1}{4\pi}\frac{(l-m)!}{(l+m)!}}\, P_l^m(\cos\theta)\,\mathrm{e}^{im\varphi}. \tag{4.4.21}$$

由式(4.4.15)可知

$$Y_{l,-m}(\theta,\varphi) = (-1)^m Y_{lm}^*(\theta,\varphi). \tag{4.4.22}$$

由伴随勒让德函数以及三角函数的范数与正交关系,可得球谐函数的内积为

$$(Y_{lm}, Y_{pq}) = \int_0^{2\pi}\mathrm{d}\varphi\int_0^{\pi}\sin\theta\,\mathrm{d}\theta\, Y_{pq}^*(\theta,\varphi) Y_{lm}(\theta,\varphi) = \delta_{lp}\delta_{mq}. \tag{4.4.23}$$

即球谐函数两两正交,并且是归一化的. l 称为球谐函数 Y_{lm} 的**阶**,独立的 l 阶球谐函数共有 $(2l+1)$ 个. 几个低阶的球谐函数如下:

$$l=0 \text{ 时}, \quad Y_{00} = \frac{1}{\sqrt{4\pi}}; \tag{4.4.24}$$

$$l=1 \text{ 时}, \quad \begin{cases} Y_{11} = -\sqrt{\dfrac{3}{8\pi}}\sin\theta\,\mathrm{e}^{i\varphi}, \\[2mm] Y_{10} = \sqrt{\dfrac{3}{4\pi}}\cos\theta; \end{cases} \tag{4.4.25}$$

$$l=2 \text{ 时}, \quad \begin{cases} Y_{22} = \dfrac{1}{4}\sqrt{\dfrac{15}{2\pi}}\sin^2\theta\,\mathrm{e}^{2i\varphi}, \\[2mm] Y_{21} = -\sqrt{\dfrac{15}{8\pi}}\sin\theta\cos\theta\,\mathrm{e}^{i\varphi}, \\[2mm] Y_{20} = \sqrt{\dfrac{5}{4\pi}}\left(\dfrac{3}{2}\cos^2\theta - \dfrac{1}{2}\right); \end{cases} \tag{4.4.26}$$

$$l=3 \text{ 时}, \quad \begin{cases} Y_{33} = -\dfrac{1}{4}\sqrt{\dfrac{35}{4\pi}}\sin^3\theta\,\mathrm{e}^{3i\varphi}, \\[2mm] Y_{32} = \dfrac{1}{4}\sqrt{\dfrac{105}{2\pi}}\sin^2\theta\cos\theta\,\mathrm{e}^{2i\varphi}, \\[2mm] Y_{31} = -\dfrac{1}{4}\sqrt{\dfrac{21}{2\pi}}\sin\theta(5\cos^2\theta - 1)\mathrm{e}^{i\varphi}, \\[2mm] Y_{30} = \sqrt{\dfrac{7}{4\pi}}\left(\dfrac{5}{2}\cos^3\theta - \dfrac{3}{2}\cos\theta\right). \end{cases} \tag{4.4.27}$$

注意:当 $m=0$ 时,

$$Y_{l0}(\theta,\varphi) = \sqrt{\frac{2l+1}{4\pi}}P_l(\cos\theta). \qquad (4.4.28)$$

球谐函数的重要性在于它们构成了规范正交基,任意函数 $f(\theta,\varphi)$ 都可以按照球谐函数展开,即

$$f(\theta,\varphi) = \sum_{l=0}^{\infty}\sum_{m=-l}^{l}A_{lm}Y_{lm}(\theta,\varphi), \qquad (4.4.29)$$

其中

$$A_{lm} = \int Y_{lm}^*(\theta,\varphi)f(\theta,\varphi)\mathrm{d}\Omega$$

$$= \int_0^{2\pi}\mathrm{d}\varphi\int_0^{\pi}Y_{lm}^*(\theta,\varphi)f(\theta,\varphi)\sin\theta\mathrm{d}\theta, \qquad (4.4.30)$$

而 $\mathrm{d}\Omega = \sin\theta\mathrm{d}\theta\mathrm{d}\varphi$ 是立体角元. 如果我们仅限于用实值函数的形式来讨论任意函数 $f(\theta,\varphi)$ 的展开式,则有

$$f(\theta,\varphi) = \sum_{n=0}^{\infty}\sum_{m=0}^{n}(C_{nm}\cos m\varphi + D_{nm}\sin m\varphi)P_n^m(\cos\theta), \qquad (4.4.31)$$

其中

$$C_{nm} = \frac{2n+1}{2\delta_m\pi}\frac{(n-m)!}{(n+m)!}\int_0^{2\pi}\mathrm{d}\varphi\int_0^{\pi}f(\theta,\varphi)P_n^m(\cos\theta)\cos m\varphi\sin\theta\mathrm{d}\theta,$$

$$\qquad (4.4.32)$$

$$\delta_m = \begin{cases}1, & m\neq 0, \\ 2, & m=0,\end{cases}$$

$$D_{nm} = \frac{2n+1}{2\pi}\frac{(n-m)!}{(n+m)!}\int_0^{2\pi}\mathrm{d}\varphi\int_0^{\pi}f(\theta,\varphi)P_n^m(\cos\theta)\sin m\varphi\sin\theta\mathrm{d}\theta.$$

$$\qquad (4.4.33)$$

【例 4.7】 解球内第一边值问题

$$\begin{cases}\Delta u = 0 & (0\leqslant r<a, 0\leqslant\theta<\pi, 0\leqslant\varphi<2\pi), \\ u|_{r=a} = f(\theta,\varphi).\end{cases}$$

特别地,当 $f(\theta,\varphi) = 3\sin^2\theta\cos^2\varphi - 1$ 时,u 的值为多少?

解 因为是在球内求解,故由 $|u(0,\theta,\varphi)|<+\infty$,可知在一般的级数解式(4.4.17)中,$B_n=0$. 设

$$u = \sum_{n=0}^{\infty}\sum_{m=0}^{n}\left(\frac{r}{a}\right)^n(C_{nm}\cos m\varphi + D_{nm}\sin m\varphi)P_n^m(\cos\theta), \qquad (4.4.34)$$

由边界条件,可得

$$f(\theta,\varphi) = \sum_{n=0}^{\infty} \sum_{m=0}^{n} (C_{nm}\cos m\varphi + D_{nm}\sin m\varphi) \mathrm{P}_n^m(\cos\theta),$$

其中系数 C_{nm} 和 D_{nm} 由式(4.4.32)和式(4.4.33)确定. 特别地,当

$$f(\theta,\varphi) = 3\sin^2\theta\cos^2\varphi - 1 \qquad (4.4.35)$$

时,用待定系数法确定 C_{nm} 和 D_{nm} 比较方便. 先把 $f(\theta,\varphi)$ 改写成

$$f(\theta,\varphi) = \frac{3}{4}(1-\cos 2\theta)(1+\cos 2\varphi) - 1,$$

由于前面几个伴随勒让德多项式分别为($x=\cos\theta$)

$$\mathrm{P}_0^0(\cos\theta) = 1,$$

$$\mathrm{P}_1^0(x) = \mathrm{P}_1(x) = x = \cos\theta,$$

$$\mathrm{P}_1^1(x) = (1-x^2)^{1/2} = \sin\theta,$$

$$\mathrm{P}_2^0(x) = \mathrm{P}_2(x) = \frac{1}{2}(3x^2-1) = \frac{1}{4}(3\cos 2\theta + 1),$$

$$\mathrm{P}_2^1(x) = 3x(1-x^2)^{1/2} = \frac{3}{2}\sin 2\theta,$$

$$\mathrm{P}_2^2(x) = 3(1-x^2) = \frac{3}{2}(1-\cos 2\theta),$$

……

因而,可设

$$f(\theta,\varphi) = C_{00}\mathrm{P}_0^0(\cos\theta) + C_{20}\mathrm{P}_2^0(\cos\theta) + C_{22}\mathrm{P}_2^2(\cos\theta)\cos 2\varphi$$

$$= C_{00} + \frac{1}{4}C_{20}(3\cos 2\theta + 1) + \frac{3}{2}C_{22}(1-\cos 2\theta)\cos 2\varphi.$$

与式(4.4.35)中的系数相比较,可得

$$C_{00} = 0, \quad C_{20} = -1, \quad C_{22} = \frac{1}{2},$$

代入式(4.4.34),可得

$$u = -\left(\frac{r}{a}\right)^2 \mathrm{P}_2^0(\cos\theta) + \frac{1}{2}\left(\frac{r}{a}\right)^2 \mathrm{P}_2^2(\cos\theta)\cos 2\varphi.$$

4.4.3　球谐函数的加法公式

球谐函数的加法公式是一个相当有趣而且有用的数学公式. 如图 4.1 所示,已知两个坐标向量 $\boldsymbol{r}$ 和 $\boldsymbol{r}_0$ 的球坐标分别为(r,θ,φ)和(r_0,θ_0,φ_0),$\boldsymbol{r}$ 和 $\boldsymbol{r}_0$ 的夹角为 γ. 加法公式把角 γ 的 l 阶勒让德多项式表示为(θ,φ)和(θ_0,φ_0)的 l 阶球谐函数乘积的和式,即

$$P_l(\cos\gamma) = \frac{4\pi}{2l+1}\sum_{m=-l}^{l} Y_{lm}^*(\theta_0,\varphi_0)Y_{lm}(\theta,\varphi),\qquad(4.4.36)$$

其中

$$\cos\gamma = \cos\theta\cos\theta_0 + \sin\theta\sin\theta_0\cos(\varphi-\varphi_0).\qquad(4.4.37)$$

为了证明这一定理,我们将向量 $\boldsymbol{r}_0$ 视作常向量,于是 $P_l(\cos\gamma)$ 是 (θ,φ) 的函数,而 (θ_0,φ_0) 则为参数. 用级数 $(4.4.29)$ 把 $P_l(\cos\gamma)$ 展开,可得

$$P_l(\cos\gamma) = \sum_{n=0}^{\infty}\sum_{m=-n}^{n} A_{nm}(\theta_0,\varphi_0)Y_{nm}(\theta,\varphi).$$
$$(4.4.38)$$

与式(4.4.36)比较可知,式(4.4.38)中应当只包含 $n=l$ 的项,$n\neq l$ 的项均应为 0. 为得出这一结论,选取新坐标系使得 $\boldsymbol{r}_0$ 位于 z 轴正

图 4.1

方向,则 γ 成为新坐标系的极角. 由不依赖于 φ 的 $\Delta u=0$ 的解式(4.3.4)可得,若

$$u(r,\theta) = \left[A_n r^n + B_n r^{-(n+1)}\right]P_n(\cos\theta),\qquad(4.3.39)$$

则

$$\Delta u(r,\theta) = 0.\qquad(4.3.40)$$

因而 $P_l(\cos\gamma)$ 满足方程

$$\Delta_0 P_l(\cos\gamma) + \frac{l(l+1)}{r^2}P_l(\cos\gamma) = 0,\qquad(4.4.41)$$

式中,Δ_0 是新坐标系中的拉普拉斯算子.

如果在图 4.1 所示的原坐标系中重新写方程(4.4.41),则由于拉普拉斯算子是旋转不变算子,即 $\Delta_0 = \Delta$,并且 r 也是旋转不变的,因而 $P_l(\cos\gamma(\theta,\varphi))$ 仍满足式(4.4.41)的方程形式,即在原坐标系中有

$$\Delta P_l(\cos\gamma(\theta,\varphi)) + \frac{l(l+1)}{r^2}P_l(\cos\gamma(\theta,\varphi)) = 0.\qquad(4.4.42)$$

另外,由球谐函数的定义(4.4.21)和拉普拉斯方程的解式(4.4.17)至式(4.4.19),可知

$$\Delta Y_{lm}(\theta,\varphi) + \frac{l(l+1)}{r^2}Y_{lm}(\theta,\varphi) = 0.\qquad(4.4.43)$$

将算子

$$L = \Delta + \frac{l(l+1)}{r^2}\qquad(4.4.44)$$

作用于式(4.4.38)的两边,则其左端由于式(4.4.42)等于0,而对于右端 $n \neq l$ 的项则有

$$L \mathrm{Y}_{nm}(\theta, \varphi) \neq 0 \quad (n \neq l). \tag{4.4.45}$$

因此必有

$$A_{nm}(\theta_0, \varphi_0) = 0 \quad (n \neq l). \tag{4.4.46}$$

即 $\mathrm{P}_l(\cos \gamma)$ 是 l 阶球谐函数 $\mathrm{Y}_{lm}(\theta, \varphi)$ 的线性组合:

$$\mathrm{P}_l(\cos \gamma) = \sum_{m=-l}^{l} A_m(\theta_0, \varphi_0) \mathrm{Y}_{lm}(\theta, \varphi), \tag{4.4.47}$$

其中系数 $A_m(\theta_0, \varphi_0)$ 为

$$A_m(\theta_0, \varphi_0) = \int \mathrm{Y}_{lm}^*(\theta, \varphi) \mathrm{P}_l(\cos \gamma) \mathrm{d}\Omega. \tag{4.4.48}$$

下面利用新坐标系计算系数 $A_m(\theta_0, \varphi_0)$ 的值. 在新坐标系中,极角为 γ, 设方位角为 δ,将任意函数 $f(\gamma, \delta)$ 用球谐函数展开. 由式(4.4.16)和式(4.4.29),可得

$$
\begin{aligned}
f(\gamma, \delta)\big|_{\gamma=0} &= \sum_{l=0}^{\infty} \sum_{m=-l}^{l} A_{lm} \mathrm{Y}_{lm}(0, \delta) \\
&= \sum_{l=0}^{\infty} A_{l0} \mathrm{Y}_{l0}(0, \delta),
\end{aligned}
\tag{4.4.49}
$$

其中 A_{l0} 可由系数公式(4.4.30)表示为

$$A_{l0} = \sqrt{\frac{2l+1}{4\pi}} \int \mathrm{P}_l(\cos \gamma) f(\gamma, \delta) \mathrm{d}\Omega. \tag{4.4.50}$$

将式(4.4.28)代入式(4.4.49)则有

$$
\begin{aligned}
f(\gamma, \delta)\big|_{\gamma=0} &= \sum_{l=0}^{\infty} A_{l0} \mathrm{Y}_{l0}(0, \delta) \\
&= \sum_{l=0}^{\infty} A_{l0} \sqrt{\frac{2l+1}{4\pi}} \mathrm{P}_l(1) \\
&= \sum_{l=0}^{\infty} \sqrt{\frac{2l+1}{4\pi}} A_{l0}.
\end{aligned}
\tag{4.4.51}
$$

若用 (γ, δ) 表示 (θ, φ),取

$$f(\gamma, \delta) = \sqrt{\frac{4\pi}{2l+1}} \mathrm{Y}_{lm}^*(\theta(\gamma, \delta), \varphi(\gamma, \delta)), \tag{4.4.52}$$

并将其代入式(4.4.51),则有

$$\sqrt{\frac{4\pi}{2l+1}} \mathrm{Y}_{lm}^*(\theta, \varphi)\big|_{\gamma=0} = \sum_{p=0}^{\infty} \sqrt{\frac{2p+1}{4\pi}} A_{p0}. \tag{4.4.53}$$

和式(4.4.46)同理,因为 $Y_{lm}^*(\theta,\varphi)$ 满足方程(4.4.41),故它只能是 l 阶球谐函数 $Y_{lq}(\gamma,\delta)$ 的线性组合,即

$$\sqrt{\frac{4\pi}{2l+1}}Y_{lm}^*(\theta,\varphi)=\sum_{q=-l}^{l}A_{lq}Y_{lq}(\gamma,\delta). \qquad (4.4.54)$$

于是式(4.4.53)右端的和式只有一项,可简化为

$$\sqrt{\frac{4\pi}{2l+1}}Y_{lm}^*(\theta,\varphi)\big|_{\gamma=0}=\sqrt{\frac{2l+1}{4\pi}}A_{l0}. \qquad (4.4.55)$$

将式(4.4.52)代入式(4.4.50),可得

$$A_{l0}=\int P_l(\cos\gamma)Y_{lm}^*(\theta,\varphi)\mathrm{d}\Omega=A_m(\theta_0,\varphi_0). \qquad (4.4.56)$$

对于式(4.4.55)的左端,由图 4.1 和式(4.4.37)可知,当 $\gamma\to 0$ 时,有 $(\theta,\varphi)\to(\theta_0,\varphi_0)$,故

$$Y_{lm}^*(\theta,\varphi)\big|_{\gamma=0}=Y_{lm}^*(\theta_0,\varphi_0). \qquad (4.4.57)$$

将式(4.4.55)至式(4.4.57)的结果代入式(4.4.47),就可得到球谐函数的加法公式.

如果用 $P_l^m(\cos\theta)$ 表示加法公式,则有如下形式:

$$P_l(\cos\gamma)=P_l(\cos\theta)P_l(\cos\theta_0)$$

$$+2\sum_{m=1}^{l}\frac{(l-m)!}{(l+m)!}P_l^m(\cos\theta)P_l^m(\cos\theta_0)\cos[m(\varphi-\varphi_0)].$$

$$(4.4.58)$$

在式(4.4.36)中,若将 $\gamma=0$ 代入,就可得到球谐函数 Y_{lm} 模的平方的"求和规则":

$$\sum_{m=-l}^{l}|Y_{lm}(\theta,\varphi)|^2=\frac{2l+1}{4\pi}, \qquad (4.4.59)$$

加法公式还可以用来把两点间距离的倒数的展开式(4.2.10)化成最一般的形式. 将式(4.4.36)代入式(4.2.10),则

$$\frac{1}{|\boldsymbol{r}-\boldsymbol{r}_0|}=4\pi\sum_{l=0}^{\infty}\sum_{m=-l}^{l}\frac{1}{2l+1}\frac{r_<^l}{r_>^{l+1}}Y_{lm}^*(\theta_0,\varphi_0)Y_{lm}(\theta,\varphi). \quad (4.4.60)$$

习题四

1.证明: $P_n(x)=\sum_{k=0}^{n}\frac{(n+k)!}{2^k(k!)^2(n-k)!}(x-1)^k$.

2.证明：$P_n(x)$ 在区间 $(-1,1)$ 内有 n 个单零点.

3.证明：$P_n'(x) = (2n-1)P_{n-1}(x) + (2n-5)P_{n-3}(x) + (2n-9)P_{n-5}(x) + \cdots$.

4.证明：$\displaystyle\sum_{k=0}^{n}(2k+1)P_k(x) = P_n'(x) + P_{n+1}'(x) \quad (n=0,1,2,\cdots)$.

5.证明：$\displaystyle\int_{-1}^{1} P_n(x)\mathrm{d}x = 0 \quad (n=1,2,\cdots)$.

6.证明：$\displaystyle\int_{-1}^{1} \left[P_n'(x)\right]^2 (1-x^2)\mathrm{d}x = \frac{2n(n+1)}{2n+1} \quad (n=0,1,2,\cdots)$.

7.计算：$\displaystyle\int_{-1}^{1} x^m P_n(x)\mathrm{d}x$，分别考虑 $m > n$ 及 $m \leqslant n$ 的情形.

8.计算：$\displaystyle\int_{-1}^{1} x P_m(x)P_n(x)\mathrm{d}x$.

9.计算：$\displaystyle\int_{-1}^{1} x^2 P_n(x)P_{n+2}(x)\mathrm{d}x$.

10.计算：$\displaystyle\int_{-1}^{1} \left[x P_n(x)\right]^2 \mathrm{d}x$.

11.将函数 $f(x) = x^3$ 按照勒让德多项式展开.

12.已知某一半径为 R 的球体，若其球面上的温度分布恒为 $u(R,\theta) = u_0\cos\theta$，试求球体的稳定温度分布.

13.在半径为 1 的球外求调和函数，使 $u\,|_{r=1} = \cos^2\theta$.

14.用球谐函数展开下列函数：

(1) $\sin\theta\cos\varphi$；

(2) $\sin^2\theta\,\cos^2\varphi$；

(3) $\cos^2\theta\sin\theta\cos\varphi$.

第五章   格林函数

§5.1   δ 函数

5.1.1   傅里叶变换简介

为了更好地学习 δ 函数的性质,本节首先对傅里叶变换作一简略复习.

设 $f(x)$ 为在任何有限区间上至多有第一类间断点的逐段光滑函数,且在 $(-\infty,+\infty)$ 内绝对可积,即积分

$$\int_{-\infty}^{+\infty} |f(x)| \, \mathrm{d}x$$

存在,则称函数

$$F(\lambda) = \int_{-\infty}^{+\infty} f(x) \mathrm{e}^{\mathrm{i}\lambda x} \, \mathrm{d}x \tag{5.1.1}$$

为函数 $f(x)$ 的**傅里叶变换**,简记为 $F[f]$;而 $f(x)$ 则称为 $F(\lambda)$ 的**反傅里叶变换**,记为 $f(x) = F^{-1}[F(\lambda)]$. 而且,在前述条件下,有反演公式

$$\frac{1}{2}[f(x+0) + f(x-0)] = \frac{1}{2\pi} \int_{-\infty}^{+\infty} F(\lambda) \mathrm{e}^{-\mathrm{i}\lambda x} \, \mathrm{d}\lambda . \tag{5.1.2}$$

特别地,若 $f(x)$ 在 $(-\infty,+\infty)$ 内连续,则式(5.1.2)成为

$$f(x) = \frac{1}{2\pi} \int_{-\infty}^{+\infty} F(\lambda) \mathrm{e}^{-\mathrm{i}\lambda x} \, \mathrm{d}\lambda . \tag{5.1.3}$$

傅里叶变换具有下列重要性质:

(1)**线性性质**:若 $F[f]$ 和 $F[g]$ 都存在,则对任意常数 C_1, C_2,有

$$F[C_1 f + C_2 g] = C_1 F[f] + C_2 F[g]. \tag{5.1.4}$$

（2）**频移特性**：若 $F[f]$ 存在，则对任意实数 λ_0，有

$$F[f(x)\mathrm{e}^{\mathrm{i}\lambda_0 x}] = F(\lambda + \lambda_0), \qquad (5.1.5)$$

这里 $F(\lambda) = F[f]$.

（3）**微分关系**：若 $f(\pm\infty) = 0$ 且 $F[f'(x)]$ 存在，则

$$F[f'(x)] = -\mathrm{i}\lambda F[f]. \qquad (5.1.6)$$

更一般地，若 $f(\pm\infty) = f'(\pm\infty) = \cdots = f^{(k-1)}(\pm\infty) = 0$，且 $F[f^{(k)}(x)]$ 存在，则

$$F[f^{(k)}(x)] = (-\mathrm{i}\lambda)^k F[f], \qquad (5.1.7)$$

即 k 阶导数的傅里叶变换等于原来函数的傅里叶变换乘以因子 $(-\mathrm{i}\lambda)^k$.

（4）**卷积性质**：若 $f(x)$ 和 $g(x)$ 都在 $(-\infty, +\infty)$ 上绝对可积，则卷积函数

$$f * g = \int_{-\infty}^{+\infty} f(x-\xi)g(\xi)\mathrm{d}\xi \qquad (5.1.8)$$

的傅里叶变换存在，且

$$F[f * g] = F[f] \cdot F[g]. \qquad (5.1.9)$$

这个公式的逆形式为

$$F^{-1}[F(\lambda)G(\lambda)] = F^{-1}[F(\lambda)] * F^{-1}[G(\lambda)], \qquad (5.1.10)$$

即两个函数的乘积的反傅里叶变换等于它们各自的反傅里叶变换的卷积.

将式（5.1.1）直接推广就可得到高维傅里叶变换. 对于三维情形，我们称函数

$$F(\lambda, \mu, \nu) = \iiint_{-\infty}^{+\infty} f(x, y, z)\mathrm{e}^{\mathrm{i}(\lambda x + \mu y + \nu z)}\mathrm{d}x\,\mathrm{d}y\,\mathrm{d}z \qquad (5.1.11)$$

为函数 $f(x, y, z)$ 的傅里叶变换，仍记为 $F[f]$. 它有类似的反演公式：

$$f(x, y, z) = \frac{1}{(2\pi)^3}\iiint_{-\infty}^{+\infty} F(\lambda, \mu, \nu)\mathrm{e}^{-\mathrm{i}(\lambda x + \mu y + \nu z)}\mathrm{d}\lambda\,\mathrm{d}\mu\,\mathrm{d}\nu. \qquad (5.1.12)$$

类似地，它有下列微分性质：

$$F\left[\frac{\partial f}{\partial x}\right] = -\mathrm{i}\lambda F[f] \qquad (若\ f(\pm\infty, y, z) = 0),$$

$$F\left[\frac{\partial f}{\partial y}\right] = -\mathrm{i}\mu F[f] \qquad (若\ f(x, \pm\infty, z) = 0),$$

$$F\left[\frac{\partial f}{\partial z}\right] = -\mathrm{i}\nu F[f] \qquad (若\ f(x, y, \pm\infty) = 0),$$

$$F\left[\frac{\partial^2 f}{\partial x^2}\right] = (-\mathrm{i}\lambda)^2 F[f] \qquad (若\ f(\pm\infty, y, z) = f_x(\pm\infty, y, z) = 0).$$

$F\left[\dfrac{\partial^2 f}{\partial y^2}\right], F\left[\dfrac{\partial^2 f}{\partial z^2}\right]$ 的公式类似. 特别地, 有

$$F[\Delta_3 f] = -(\lambda^2 + \mu^2 + \nu^2)F[f]. \tag{5.1.13}$$

5.1.2 狄拉克 δ 函数

为了更方便地表述量子力学问题, 英国物理学家狄拉克发明了 δ 函数. δ 函数起初并不为数学家所认可, 但其由于使用后所带来的巨大便利, 而得到了广泛应用. 后来, 为使 δ 函数"安身立命", 数学家建立了广义函数理论, 也称 **分布理论**, 从此 δ 函数就具有了明确的数学意义.

这里我们不打算引入广义函数和弱收敛等概念, 而仅仅从实用的角度出发来介绍 δ 函数. 对数学上的严格性感兴趣的读者, 可以参阅有关广义函数的著述. 虽然有失严格性, 但是只要知道 δ 函数总是作用于性质足够好的函数上并且出现在积分当中, 就不会妨碍我们对 δ 函数的应用. 我们往往要求这些被 δ 函数作用的函数是无穷可微的, 并且在有界区间外恒等于 0. 下文有关 δ 函数的性质、导数和极限都是在这种特定意义下给出的. 在遇到有关 δ 函数的问题时, 我们默认所需要的条件都能够满足.

δ 函数的定义如下:

$$\int_{-\infty}^{+\infty} \delta(x)\mathrm{d}x = 1, \quad \delta(x) = \begin{cases} 0, & x \neq 0, \\ \infty, & x = 0. \end{cases} \tag{5.1.14}$$

式(5.1.14) 也可以表示为

$$\int_a^b \delta(x)\mathrm{d}x = \begin{cases} 1, & 0 \in (a,b), \\ 0, & 0 \notin (a,b). \end{cases} \tag{5.1.15}$$

由式(5.1.14) 和式(5.1.15), 对于任意连续函数 $f(x)$, 有

$$\int_{-\infty}^{+\infty} f(x)\delta(x)\mathrm{d}x = f(0),$$

$$\int_a^b f(x)\delta(x)\mathrm{d}x = \begin{cases} f(0), & 0 \in (a,b), \\ 0, & 0 \notin (a,b), \end{cases} \tag{5.1.16}$$

更常用的形式为

$$\int_{-\infty}^{+\infty} f(x)\delta(x-\xi)\mathrm{d}x = f(\xi),$$

$$\int_a^b f(x)\delta(x-\xi)\mathrm{d}x = \begin{cases} f(\xi), & \xi \in (a,b), \\ 0, & \xi \notin (a,b). \end{cases} \tag{5.1.17}$$

由式(5.1.14) 至式(5.1.16) 知, δ 函数是偶函数, 即

$$\delta(x) = \delta(-x). \tag{5.1.18}$$

更一般地,有

$$\delta(x - x_0) = \delta(x_0 - x). \tag{5.1.19}$$

由式(5.1.1),对 δ 函数进行傅里叶变换,结果为

$$1 = \int_{-\infty}^{+\infty} \delta(x) e^{i\lambda x} dx; \tag{5.1.20}$$

而由逆变换(5.1.3)可得到 δ 函数的另一种表示,即

$$\delta(x) = \frac{1}{2\pi} \int_{-\infty}^{+\infty} e^{-i\lambda x} d\lambda = \frac{1}{2\pi} \int_{-\infty}^{+\infty} \cos \lambda x \, d\lambda. \tag{5.1.21}$$

其中后一个等号成立是因为 sin λx 的积分主值为 0. 在量子力学的本征函数中,会遇到类似式(5.1.20) 和式(5.1.21)的表示形式,因此本节首先介绍 δ 函数的傅里叶变换.

δ 函数还可以用来描述点电荷这样的点源以及脉冲类的瞬时源. 以一维分布的点电荷为例,首先考虑电荷 q 均匀分布在以点 x_0 为中心、宽度为 ε 的范围内,即电荷密度 $\rho_\varepsilon(x)$ 为

$$\rho_\varepsilon(x) = \begin{cases} \dfrac{q}{\varepsilon}, & |x - x_0| < \dfrac{\varepsilon}{2}, \\ 0, & |x - x_0| > \dfrac{\varepsilon}{2}, \end{cases} \tag{5.1.22}$$

显然有

$$\int_{-\infty}^{+\infty} \rho_\varepsilon(x) dx = q. \tag{5.1.23}$$

然后再令 ε → 0,就可得到当 q 为点电荷时用 δ 函数来表示的电荷密度的公式:

$$\rho(x) = \lim_{\varepsilon \to 0} \rho_\varepsilon(x) = q\delta(x - x_0). \tag{5.1.24}$$

从阶跃函数

$$H(x) = \begin{cases} 0, & x < 0, \\ \dfrac{1}{2}, & x = 0, \\ 1, & x > 0 \end{cases} \tag{5.1.25}$$

出发,也可以将 δ 函数定义为阶跃函数的导数:

$$\delta(x) = H'(x). \tag{5.1.26}$$

由于 δ 函数是广义函数,因此其与其他函数的乘积具有如下性质:

$$g(x)\delta(x - x_0) = g(x_0)\delta(x - x_0). \tag{5.1.27}$$

这是因为,对于任意满足要求的函数 $f(x)$ 来说:

$$\int_{-\infty}^{+\infty} f(x)g(x)\delta(x-x_0)\mathrm{d}x = \int_{-\infty}^{+\infty} f(x)g(x_0)\delta(x-x_0)\mathrm{d}x$$
$$= f(x_0)g(x_0). \tag{5.1.28}$$

本节中有关 δ 函数的等式往往就是如同式(5.1.28)这样的积分意义下的相等.
由式(5.1.27),可得

$$x\delta(x)=0. \tag{5.1.29}$$

对于复合函数 $\delta[\varphi(x)]$,如果 $\varphi(x)$ 连续可微,并且 $\varphi(x)=0$ 只有单根 $x_i(i=1,2,\cdots,N)$,则

$$\delta[\varphi(x)] = \sum_{i=1}^{N} \frac{\delta(x-x_i)}{|\varphi'(x_i)|}. \tag{5.1.30}$$

由式(5.1.30),可得如下几个重要特例:

$$\delta(ax) = \frac{\delta(x)}{|a|}, \tag{5.1.31}$$

$$\delta(x^2-a^2) = \frac{\delta(x-a)+\delta(x+a)}{2|a|}. \tag{5.1.32}$$

从形式上取式(5.1.32)当 $a\to 0$ 时的极限,又可得

$$\delta(x^2) = \frac{\delta(x)}{|x|}. \tag{5.1.33}$$

δ 函数可以直接推广到多元函数的情形,其中比较常见的三维 δ 函数记作 $\delta(\boldsymbol{r}-\boldsymbol{r}_0)$,其表示形式为

$$\delta(\boldsymbol{r}-\boldsymbol{r}_0) = \delta(x-x_0)\delta(y-y_0)\delta(z-z_0). \tag{5.1.34}$$

如果用球坐标 (r,θ,φ) 表示 $\delta(\boldsymbol{r}-\boldsymbol{r}_0)$,则其形式为

$$\delta(\boldsymbol{r}-\boldsymbol{r}_0) = \frac{1}{r^2\sin\theta}\delta(r-r_0)\delta(\theta-\theta_0)\delta(\varphi-\varphi_0); \tag{5.1.35}$$

若用柱坐标 (r,φ,z) 表示,则有

$$\delta(\boldsymbol{r}-\boldsymbol{r}_0) = \frac{1}{r}\delta(r-r_0)\delta(\varphi-\varphi_0)\delta(z-z_0). \tag{5.1.36}$$

易见,式(5.1.35)和式(5.1.36)右边的分母是**雅可比(Jacobi)行列式**的绝对值.

5.1.3　相关极限和 δ 函数的导数

对一些含参量的函数取特定的极限就会得到 δ 函数.下面列举几个典型例子.

$$\lim_{N\to+\infty}\frac{\sin Nx}{\pi x} = \delta(x). \tag{5.1.37}$$

式(5.1.21)从形式上取主值积分就可得到式(5.1.37),即

$$\delta(x) = \lim_{N\to+\infty} \frac{1}{2\pi} \int_{-N}^{N} \cos \lambda x \, d\lambda = \lim_{N\to+\infty} \frac{\sin Nx}{\pi x}.$$

考虑 δ 函数的傅里叶级数:

$$\delta(x) = \frac{1}{2\pi} + \frac{1}{\pi}\sum_{m=1}^{\infty} \cos mx.$$

由于

$$\frac{1}{2\pi} + \frac{1}{\pi}\sum_{m=1}^{N}\cos mx = \frac{1}{2\pi}\frac{\sin\left(N+\frac{1}{2}\right)x}{\sin\frac{x}{2}},$$

对上式两边取极限就可得到

$$\lim_{N\to+\infty}\frac{1}{2\pi}\frac{\sin\left(N+\frac{1}{2}\right)x}{\sin\frac{x}{2}} = \delta(x). \tag{5.1.38}$$

利用函数积分为定值的性质,还可以得到

$$\lim_{\sigma\to0^+}\frac{1}{\sqrt{\pi\sigma}}e^{-\frac{x^2}{\sigma}} = \delta(x), \tag{5.1.39}$$

$$\lim_{\varepsilon\to0^+}\frac{\varepsilon}{\pi(x^2+\varepsilon^2)} = \delta(x), \tag{5.1.40}$$

$$\lim_{|t|\to1^-}\frac{1}{2\pi}\frac{1-t^2}{1-2t\cos x+t^2} = \delta(x), \tag{5.1.41}$$

$$\lim_{t\to\infty}\frac{\sin^2(tx)}{\pi t x^2} = \delta(x). \tag{5.1.42}$$

此外,通过考虑复平面上的积分路径,并在取积分主值的意义下,有

$$\lim_{\varepsilon\to0^+}\frac{1}{x\pm i\varepsilon} = \frac{1}{x} \mp i\pi\delta(x). \tag{5.1.43}$$

由于 δ 函数最终以积分的形式作用在满足条件的函数 $f(x)$ 上,因此,可以通过分部积分定义 δ 函数的各阶导数. 一阶导数 $\delta'(x)$ 的意义为

$$\int_{-\infty}^{+\infty} f(x)\delta'(x)dx = f(x)\delta(x)\big|_{-\infty}^{+\infty} - \int_{-\infty}^{+\infty} f'(x)\delta(x)dx = -f'(0). \tag{5.1.44}$$

因为 $f(x)$ 无穷可微,所以 δ 函数也是无穷可微的. δ 函数的 n 阶导数 $\delta^{(n)}(x)$ 的定义如下:

$$\int_{-\infty}^{+\infty} f(x)\delta^{(n)}(x)\mathrm{d}x = (-1)^n f^{(n)}(0). \qquad (5.1.45)$$

§5.2 格林函数与常微分方程边值问题

5.2.1 常微分方程边值问题的格林函数

考虑区间$[a,b]$上的二阶线性非齐次常微分方程

$$[k(x)y'(x)]' - q(x)y(x) = \varphi(x), \qquad (5.2.1)$$

其中$k(x),k'(x)$和$q(x)$是x的连续函数,$k(x)>0,\varphi(x)$为分段连续函数,而$y(x)$满足齐次边界条件或自然边界条件. 与此相关的二阶线性齐次常微分方程问题为

$$[k(x)y'(x)]' - q(x)y(x) = 0. \qquad (5.2.2)$$

如果函数$G(x,\xi)$满足式(5.2.1)所给的边界条件,并且是方程

$$\frac{\mathrm{d}}{\mathrm{d}x}\left[k(x)\frac{\mathrm{d}G(x,\xi)}{\mathrm{d}x}\right] - q(x)G(x,\xi) = \delta(x-\xi) \qquad (5.2.3)$$

的解,那么就称$G(x,\xi)$是与式(5.2.1)相对应的格林函数,或简称**格林函数**. 利用δ函数的性质不难证明,式(5.2.1)的解$y(x)$可用格林函数$G(x,\xi)$表示为

$$y(x) = \int_a^b G(x,\xi)\varphi(\xi)\mathrm{d}\xi. \qquad (5.2.4)$$

除了$x=\xi$之外,$G(x,\xi)$关于x的一阶和二阶微商在$[a,b]$上处处连续,在点$x=\xi$,一阶微商有一跳跃:

$$\left.\frac{\mathrm{d}G(x,\xi)}{\mathrm{d}x}\right|_{x=\xi-0}^{x=\xi+0} = \frac{1}{k(\xi)}; \qquad (5.2.5)$$

在点$x=\xi$以外,$G(x,\xi)$满足方程

$$\frac{\mathrm{d}}{\mathrm{d}x}\left[k(x)\frac{\mathrm{d}G(x,\xi)}{\mathrm{d}x}\right] - q(x)G(x,\xi) = 0. \qquad (5.2.6)$$

如果只要求满足式(5.2.5)和式(5.2.6)而不要求满足边界条件,我们称这样的$G(x,\xi)$为**基本解**. 显然,基本解加上微分方程(5.2.2)的任意一个解仍然为基本解.

5.2.2 格林函数的构造

如果求出式(5.2.2)的两个线性无关的解分别为$y_1(x)$和$y_2(x)$,并且

$y_1(x)$ 在点 a 满足所给的齐次边界条件，$y_2(x)$ 在点 b 满足所给的齐次边界条件，就可以通过 $y_1(x)$ 和 $y_2(x)$ 构造出格林函数 $G(x,\xi)$，方法如下：

$$G(x,\xi) = \frac{1}{k(\xi)W(\xi)}\begin{cases} y_2(\xi)y_1(x), & x \leqslant \xi, \\ y_1(\xi)y_2(x), & x > \xi, \end{cases} \tag{5.2.7}$$

其中 $W(\xi)$ 为 $y_1(x)$ 和 $y_2(x)$ 的朗斯基行列式在点 ξ 的值，即

$$W(\xi) = y_1(\xi)y_2'(\xi) - y_1'(\xi)y_2(\xi). \tag{5.2.8}$$

由于 $y_1(x)$ 和 $y_2(x)$ 线性无关，故 $W(\xi) \neq 0$. 我们也可以借助式(5.1.25)的阶跃函数 $\mathrm{H}(x)$ 将式(5.2.7)重新写为

$$G(x,\xi) = \frac{1}{k(\xi)W(\xi)}\big[\mathrm{H}(\xi-x)y_2(\xi)y_1(x) + \mathrm{H}(x-\xi)y_1(\xi)y_2(x)\big].$$
$$\tag{5.2.9}$$

易见，朗斯基行列式 $W(x)$ 的导数为

$$W'(x) = y_1(x)y_2''(x) - y_1''(x)y_2(x). \tag{5.2.10}$$

对 $k(x)W(x)$ 求导，再应用式(5.2.2)，不难得到

$$[k(x)W(x)]' = k'(x)W(x) + k(x)W'(x) = 0. \tag{5.2.11}$$

式(5.2.11)表明，$k(x)W(x)$ 为一非零常数，即

$$k(\xi)W(\xi) = C. \tag{5.2.12}$$

将式(5.2.12)的结果代入 $G(x,\xi)$ 的表示式(5.2.7)或(5.2.9)，并交换 x 和 ξ 的位置，这样就证明了格林函数 $G(x,\xi)$ 的一个重要性质，即 $G(x,\xi)$ 是 x 和 ξ 的对称函数：

$$G(x,\xi) = G(\xi,x). \tag{5.2.13}$$

当零是在所给边界条件下方程(5.2.2)的本征值时，$y_1(x)$ 和 $y_2(x)$ 线性相关，上述方法失效. 这种情况的处理有些复杂，这里就不讨论了. 下面举例说明格林函数的构造.

【例5.1】 已知在区间 $[0,1]$ 上，$G(0,\xi) = G(1,\xi) = 0$，$G(x,\xi)$ 满足方程

$$G_{xx}(x,\xi) = \delta(x-\xi). \tag{5.2.14}$$

求格林函数 $G(x,\xi)$.

解 易知方程

$$y'' = 0$$

有两个线性无关的解

$$y_1 = x, \quad y_2 = 1-x,$$

并且分别满足一个端点的边界条件，即 $y_1(0) = y_2(1) = 0$. 由式(5.2.7)可得

$$G(x,\xi) = \begin{cases} (\xi-1)x, & x \leqslant \xi, \\ (x-1)\xi, & x > \xi. \end{cases} \tag{5.2.15}$$

【例 5.2】 已知在区间 $[0,1]$ 上，$|G(0,\xi)| < +\infty$，$G(1,\xi) = 0$，$G(x,\xi)$ 满足方程

$$\frac{\mathrm{d}}{\mathrm{d}x}\left[x\frac{\mathrm{d}G(x,\xi)}{\mathrm{d}x}\right] - \frac{n^2}{x}G(x,\xi) = \delta(x-\xi), \tag{5.2.16}$$

其中 $n > 0$. 求格林函数 $G(x,\xi)$.

解 问题所对应的是欧拉方程

$$x^2 y'' + x y' - n^2 y = 0.$$

该方程适合边界条件的两个线性无关的解分别为

$$y_1 = x^n, \quad y_2 = \frac{1}{x^n} - x^n.$$

由式(5.2.7)可得

$$G(x,\xi) = \begin{cases} \dfrac{1}{2n}\left(x^n\xi^n - \dfrac{x^n}{\xi^n}\right), & x \leqslant \xi, \\ \dfrac{1}{2n}\left(x^n\xi^n - \dfrac{\xi^n}{x^n}\right), & x > \xi. \end{cases} \tag{5.2.17}$$

5.2.3　格林函数的展开定理

我们已经知道，区间 $[a,b]$ 上给定齐次边界条件的施图姆-刘维尔型方程

$$\frac{\mathrm{d}}{\mathrm{d}x}\left[k(x)\frac{\mathrm{d}y}{\mathrm{d}x}\right] - q(x)y + \lambda\rho(x)y = 0 \tag{5.2.18}$$

的归一化本征函数组 $\{y_i, i=1,2,\cdots\}$ 构成 $[a,b]$ 上的完备正交基. 因而有

$$\int_a^b \rho(x)y_m(x)y_n(x)\mathrm{d}x = \delta_{mn}, \tag{5.2.19}$$

其中 δ_{mn} 为克罗内克记号. 这里不加证明地给出如下结论:式(5.2.3)的格林函数 $G(x,\xi)$ 可用 $\{y_i, i=1,2,\cdots\}$ 展开为绝对且一致收敛的级数

$$G(x,\xi) = -\sum_{n=1}^\infty \frac{y_n(x)y_n(\xi)}{\lambda_n}. \tag{5.2.20}$$

式(5.2.20)再次表明了格林函数 $G(x,\xi)$ 是 x 和 ξ 的对称函数,同时也蕴含了狄拉克 δ 函数的本征函数展开,即

$$\delta(x-\xi) = \sum_{n=1}^\infty \rho(x)y_n(x)y_n(\xi). \tag{5.2.21}$$

§5.3 泊松方程与格林函数

5.3.1 无界空间中泊松方程的格林函数

泊松方程在全空间的格林函数 $G_0(r;r_0)$ 满足如下方程:

$$\Delta G_0(r;r_0) = \delta(r-r_0). \tag{5.3.1}$$

其中,在三维空间时,$r=(x,y,z)$,$r_0=(x_0,y_0,z_0)$;而在二维平面上时,$r=(x,y)$,$r_0=(x_0,y_0)$. 由叠加原理,$G_0(r;r_0)$ 加上拉普拉斯方程的解仍然满足式(5.3.1),而由于拉普拉斯方程的解对 δ 函数没有贡献,因此通常所说的格林函数 $G_0(r;r_0)$ 特指能够产生奇异性的解. 三维无界空间中泊松方程的格林函数 $G_0(r;r_0)$ 取为

$$G_0(r;r_0) = -\frac{1}{4\pi |r-r_0|}, \tag{5.3.2}$$

其中 $|r-r_0|$ 为

$$|r-r_0| = \sqrt{(x-x_0)^2 + (y-y_0)^2 + (z-z_0)^2};$$

二维情形下的格林函数 $G_0(r;r_0)$ 为

$$G_0(r;r_0) = \frac{1}{2\pi}\ln|r-r_0|, \tag{5.3.3}$$

其中 $|r-r_0|$ 为

$$|r-r_0| = \sqrt{(x-x_0)^2 + (y-y_0)^2}.$$

由式(5.3.2)和式(5.3.3)易见,$G_0(r;r_0)$ 有对称性,即

$$G_0(r;r_0) = G_0(r_0;r). \tag{5.3.4}$$

按照通常函数的定义,$G_0(r;r_0)$ 在 $r=r_0$ 时是没有意义的,而正是基于此式(5.3.1)给出了 δ 函数的奇异性,因此 $G_0(r;r_0)$ 是广义函数. 下面用常规的方法分别阐明式(5.3.2)和式(5.3.3)是相应维数的式(5.3.1)的解.

首先注意到,在 $r\neq r_0$ 时,式(5.3.2)和式(5.3.3)中的 $G_0(r;r_0)$ 都满足相应维数的拉普拉斯方程,即

$$\Delta G_0(r;r_0) = 0 \quad (r\neq r_0), \tag{5.3.5}$$

于是只要讨论 $r=r_0$ 邻域的情况即可. 为方便起见,在三维情形下取 $r_0=(0,0,0)$,对二维情形取 $r_0=(0,0)$,并且在不引起混淆的情况下,我们将相应的格林函数分别简记为 $G_0(x,y,z)$ 和 $G_0(x,y)$. 对于三维情形,此时式

(5.3.1) 可化为

$$\Delta_3 G_0(x,y,z) = \delta(x)\delta(y)\delta(z);\qquad(5.3.6)$$

对于二维情形,式(5.3.1) 则为

$$\Delta_2 G_0(x,y) = \delta(x)\delta(y).\qquad(5.3.7)$$

以原点为球心,以 $r = \sqrt{x^2 + y^2 + z^2}$ 为半径作一小球,应用高斯定理并以球坐标 (r,θ,φ) 表示,则有

$$
\begin{aligned}
-\iiint_V \nabla \cdot \nabla \frac{1}{4\pi r} \mathrm{d}V &= \oiint_S \frac{\boldsymbol{r}}{4\pi r^3} \cdot \mathrm{d}\boldsymbol{S} \\
&= \frac{1}{4\pi} \int_0^{2\pi} \mathrm{d}\varphi \int_0^{\pi} \sin\theta\, \mathrm{d}\theta \\
&= 1,\qquad\qquad\qquad(5.3.8)
\end{aligned}
$$

其中,V 为球体,S 为球面. 当 $r \to 0$ 时,V 成为原点的一个无限小邻域,而式 (5.3.8) 仍然成立;另外,由于式(5.3.5),对于不包括原点的任何区域积分结果都为 0,即

$$-\iiint_V \Delta \frac{1}{4\pi r}\mathrm{d}V = 0,\quad (0,0,0) \notin V,$$

因此

$$-\Delta \frac{1}{4\pi r} = \delta(x)\delta(y)\delta(z).\qquad(5.3.9)$$

通过对方程(5.3.1) 的两边作三维傅里叶变换,再求反变换,可以直接计算出 $G_0(x,y,z)$,这里留作练习.

顺便指出,式(4.3.60) 实际上给出了球坐标中格林函数 $G_0(\boldsymbol{r};\boldsymbol{r}_0)$ 的本征函数展开,因此式(5.3.2) 可表示为

$$-\frac{1}{4\pi \mid \boldsymbol{r} - \boldsymbol{r}_0 \mid} = -\sum_{l=0}^{\infty}\sum_{m=-l}^{l} \frac{1}{2l+1} \frac{r_<^l}{r_>^{l+1}} Y_{lm}^*(\theta_0,\varphi_0) Y_{lm}(\theta,\varphi).$$

$$(5.3.10)$$

此外,球谐函数的完备性还给出了

$$\sum_{l=0}^{\infty}\sum_{m=-l}^{l} Y_{lm}^*(\theta_0,\varphi_0) Y_{lm}(\theta,\varphi) = \delta(\varphi - \varphi_0)\delta(\cos\theta - \cos\theta_0).$$

$$(5.3.11)$$

这里不对本征函数展开进行进一步的讨论,对该内容感兴趣的读者可以参阅其他著作.

对于二维情形,如图 5.1 所示,以原点为圆心,以 $r = \sqrt{x^2 + y^2}$ 为半径作

一小圆 C. 圆周 C 的绕向为逆时针,圆域 S 的法向量为单位向量 $\boldsymbol{k}$,圆周 C 的绕向与 $\boldsymbol{k}$ 呈右手螺旋关系,$\boldsymbol{\tau}$ 为圆周上一点的单位切向量,由图可见

$$\boldsymbol{\tau} = \boldsymbol{k} \times \frac{\boldsymbol{r}}{r}. \qquad (5.3.12)$$

应用斯托克斯定理并以极坐标 (r,θ) 表示,则有

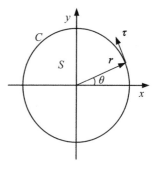

图 5.1

$$
\begin{aligned}
\frac{1}{2\pi}\iint_S \Delta \ln r\,\mathrm{d}S &= \frac{1}{2\pi}\iint_S \nabla \times (\boldsymbol{k} \times \nabla \ln r) \cdot \boldsymbol{k}\,\mathrm{d}S \\
&= \frac{1}{2\pi}\iint_S \nabla \times \left(\boldsymbol{k} \times \frac{\boldsymbol{r}}{r^2}\right) \cdot \boldsymbol{k}\,\mathrm{d}S \\
&= \frac{1}{2\pi}\oint_C \left(\boldsymbol{k} \times \frac{\boldsymbol{r}}{r^2}\right) \cdot \boldsymbol{\tau}\,\mathrm{d}l \\
&= \frac{1}{2\pi}\int_0^{2\pi} \mathrm{d}\theta \\
&= 1,
\end{aligned}
$$

其中用到了式(5.3.12)和关系式 $\mathrm{d}l = r\mathrm{d}\theta$. 当 $r \to 0$ 时,S 成为原点的一个无限小邻域,而上式仍然成立;另外,由于对于不包括原点的任何区域积分结果都为 0,因此

$$\frac{1}{2\pi}\Delta \ln r = \delta(x)\delta(y). \qquad (5.3.13)$$

式(5.3.9)最常见的应用就是处理平方反比力的势场问题,尤其体现在静电学的电势叠加原理中:已知电荷分布在有界区域 V 中,给定电荷密度 $\rho(\boldsymbol{r}_0)$,取无穷远处为电势零点,则空间任意一点的电势 $\Phi(\boldsymbol{r})$ 为

$$\Phi(\boldsymbol{r}) = \iiint_V \frac{\rho(\boldsymbol{r}_0)}{4\pi\varepsilon_0\,|\boldsymbol{r} - \boldsymbol{r}_0|}\,\mathrm{d}x_0\,\mathrm{d}y_0\,\mathrm{d}z_0. \qquad (5.3.14)$$

而式(5.3.13)与无限长均匀带电直线的电势相关联. 在这种情形下,以均匀带电直线为轴的圆柱面是等势面,因而问题退化为二维轴对称的电势分布问题. 取直线的投影点为坐标原点,到原点距离为 1 的点为电势零点,若电荷线密度为 λ,则与原点相距 r 处的电势 $\Phi(r)$ 为

$$\Phi(r) = -\frac{\lambda}{2\pi\varepsilon_0}\ln r. \qquad (5.3.15)$$

5.3.2　有界空间中泊松方程的格林函数

为避免过于抽象,我们用电势来讨论有界区域内泊松方程的解和格林函数的关系. 为此,要用到格林第二公式

$$\iiint_V [u(\boldsymbol{r})\Delta v(\boldsymbol{r}) - v(\boldsymbol{r})\Delta u(\boldsymbol{r})]\mathrm{d}V = \oiint_S (u\,\nabla v - v\,\nabla u)\cdot \mathrm{d}\boldsymbol{S}$$

$$= \oiint_S \left(u\,\frac{\partial v}{\partial n} - v\,\frac{\partial u}{\partial n}\right)\mathrm{d}S, \qquad (5.3.16)$$

其中,曲面 S 是区域 V 的边界; $\partial/\partial n$ 是曲面 S 上的外法向导数. 所要求的电势 $\Phi(\boldsymbol{r})$ 满足给定的边界条件,并且满足泊松方程

$$\Delta\Phi(\boldsymbol{r}) = -\frac{\rho(\boldsymbol{r})}{\varepsilon_0}. \qquad (5.3.17)$$

而格林函数 $G(\boldsymbol{r};\boldsymbol{r}_0)$ 需要附加适当的边界条件,因此 $G(\boldsymbol{r};\boldsymbol{r}_0)$ 具有如下形式:

$$G(\boldsymbol{r};\boldsymbol{r}_0) = -\frac{1}{4\pi\,|\,\boldsymbol{r}-\boldsymbol{r}_0\,|} + F(\boldsymbol{r};\boldsymbol{r}_0), \qquad (5.3.18)$$

其中未知函数 $F(\boldsymbol{r};\boldsymbol{r}_0)$ 满足拉普拉斯方程

$$\Delta_0 F(\boldsymbol{r};\boldsymbol{r}_0) = \left(\frac{\partial^2}{\partial x_0^2} + \frac{\partial^2}{\partial y_0^2} + \frac{\partial^2}{\partial z_0^2}\right)F(\boldsymbol{r};\boldsymbol{r}_0) = 0, \qquad (5.3.19)$$

从而格林函数 $G(\boldsymbol{r};\boldsymbol{r}_0)$ 满足方程

$$\Delta_0 G(\boldsymbol{r};\boldsymbol{r}_0) = \delta(\boldsymbol{r}-\boldsymbol{r}_0). \qquad (5.3.20)$$

由格林第二公式(5.3.16),取 $u(\boldsymbol{r}_0)=\Phi(\boldsymbol{r}_0)$, $v(\boldsymbol{r}_0)=G(\boldsymbol{r};\boldsymbol{r}_0)$,则

$$\iiint_V [\Phi(\boldsymbol{r}_0)\Delta_0 G(\boldsymbol{r};\boldsymbol{r}_0) - G(\boldsymbol{r};\boldsymbol{r}_0)\Delta_0 \Phi(\boldsymbol{r}_0)]\mathrm{d}V = \oiint_S \left(\Phi\,\frac{\partial G}{\partial n_0} - G\,\frac{\partial\Phi}{\partial n_0}\right)\mathrm{d}S.$$

$$(5.3.21)$$

将式(5.3.17)和式(5.3.20)代入上式,则有

$$\iiint_V \left[\Phi(\boldsymbol{r}_0)\delta(\boldsymbol{r}-\boldsymbol{r}_0) + \frac{1}{\varepsilon_0}G(\boldsymbol{r};\boldsymbol{r}_0)\rho(\boldsymbol{r}_0)\right]\mathrm{d}V = \oiint_S \left(\Phi\,\frac{\partial G}{\partial n_0} - G\,\frac{\partial\Phi}{\partial n_0}\right)\mathrm{d}S.$$

$$(5.3.22)$$

对于区域 V 内的点,含 δ 函数项的积分给出了电势 $\Phi(\boldsymbol{r})$,整理可得

$$\Phi(\boldsymbol{r}) = \oiint_S \left(\Phi\,\frac{\partial G}{\partial n_0} - G\,\frac{\partial\Phi}{\partial n_0}\right)\mathrm{d}S - \frac{1}{\varepsilon_0}\iiint_V G(\boldsymbol{r};\boldsymbol{r}_0)\rho(\boldsymbol{r}_0)\mathrm{d}V. \quad (5.3.23)$$

一般来说,式(5.3.23)并不是解,而至多是一个关于 $\Phi(\boldsymbol{r})$ 的积分方程. 因为等式右边的面积分既要用到 $\Phi(\boldsymbol{r})$ 在边界面的值,又要用到其法向导数值,由解的适定性可知,这是做了过多的规定. 不过由于 $G(\boldsymbol{r};\boldsymbol{r}_0)$ 中自由项 $F(\boldsymbol{r};\boldsymbol{r}_0)$ 的

存在,我们就有可能选取合适的 $F(\boldsymbol{r};\boldsymbol{r}_0)$,消去过多的条件,在 $\Phi(\boldsymbol{r})$ 的定解条件下导出解.

对于第一类边界条件,即已知 $\Phi(\boldsymbol{r})$ 在边界面的值,求解 $F(\boldsymbol{r};\boldsymbol{r}_0)$ 使得格林函数 $G_D(\boldsymbol{r};\boldsymbol{r}_0)$ 满足第一类齐次边界条件,即

$$G_D(\boldsymbol{r};\boldsymbol{r}_0)\big|_{(x_0,y_0,z_0)\in S}=0,\qquad(5.3.24)$$

则有

$$\Phi(\boldsymbol{r})=\oiint_S \Phi\frac{\partial G_D}{\partial n_0}\mathrm{d}S-\frac{1}{\varepsilon_0}\iiint_V G_D(\boldsymbol{r};\boldsymbol{r}_0)\rho(\boldsymbol{r}_0)\mathrm{d}V.\qquad(5.3.25)$$

因此,解得格林函数满足式(5.3.20)和式(5.3.24)的定解问题就可求得 $\Phi(\boldsymbol{r})$.
类似地,在 $\Phi(\boldsymbol{r})$ 的第三类边界条件下,相应的格林函数满足第三类齐次边界条件. 解的表示方法留作练习.

需要注意的是,当 $\Phi(\boldsymbol{r})$ 取第二类边界条件时,相应的格林函数 $G_N(\boldsymbol{r};\boldsymbol{r}_0)$ 不能取第二类齐次边界条件. 这是因为,由式(5.3.20)和高斯定理,有

$$\oiint_S \frac{\partial G_N}{\partial n_0}\mathrm{d}S=\iiint_V \Delta_0 G_N(\boldsymbol{r};\boldsymbol{r}_0)\mathrm{d}V$$

$$=\iiint_V \delta(\boldsymbol{r}-\boldsymbol{r}_0)\mathrm{d}V$$

$$=1.\qquad(5.3.26)$$

此时可以对 $G_N(\boldsymbol{r};\boldsymbol{r}_0)$ 加上许可而又简单的边界条件

$$\frac{\partial G_N}{\partial n_0}\bigg|_{(x_0,y_0,z_0)\in S}=\frac{1}{A},\qquad(5.3.27)$$

其中 A 为曲面 S 的面积. 由式(5.3.23),可得 $\Phi(\boldsymbol{r})$ 为

$$\Phi(\boldsymbol{r})=\overline{\Phi}_S-\oiint_S G\frac{\partial\Phi}{\partial n_0}\mathrm{d}S-\frac{1}{\varepsilon_0}\iiint_V G(\boldsymbol{r};\boldsymbol{r}_0)\rho(\boldsymbol{r}_0)\mathrm{d}V,\qquad(5.3.28)$$

其中 $\overline{\Phi}_S$ 为 $\Phi(\boldsymbol{r})$ 在曲面 S 上的平均值.

由于 $F(\boldsymbol{r};\boldsymbol{r}_0)$ 在区域 V 内满足拉普拉斯方程,因此 $F(\boldsymbol{r};\boldsymbol{r}_0)$ 的物理意义为区域 V 之外的电荷分布对电势的贡献,其结果使得 $G(\boldsymbol{r};\boldsymbol{r}_0)$ 恰好满足所需要的边界条件.

在有界的情形下,格林函数 $G(\boldsymbol{r};\boldsymbol{r}_0)$ 仍然可以具有对称性,即

$$G(\boldsymbol{r};\boldsymbol{r}_0)=G(\boldsymbol{r}_0;\boldsymbol{r}).\qquad(5.3.29)$$

不过式(5.3.29)并非显然成立,而是需要按照边界条件分别讨论. 对于第一类和第三类齐次边界条件,很容易直接证明. 下面以第一类齐次边界条件为例,在格林第二公式(5.3.16)中取 $u(\boldsymbol{r}_0)=G_D(\boldsymbol{r};\boldsymbol{r}_0)$,$v(\boldsymbol{r}_0)=G_D(\boldsymbol{r}';\boldsymbol{r}_0)$,则

$$\iiint\limits_{V}[G_D(\boldsymbol{r};\boldsymbol{r}_0)\Delta_0 G_D(\boldsymbol{r}';\boldsymbol{r}_0)-G_D(\boldsymbol{r}';\boldsymbol{r}_0)\Delta_0 G_D(\boldsymbol{r};\boldsymbol{r}_0)]\mathrm{d}V$$

$$=\iiint\limits_{V}[G_D(\boldsymbol{r};\boldsymbol{r}_0)\delta(\boldsymbol{r}'-\boldsymbol{r}_0)-G_D(\boldsymbol{r}';\boldsymbol{r}_0)\delta(\boldsymbol{r}-\boldsymbol{r}_0)]\mathrm{d}V$$

$$=G_D(\boldsymbol{r};\boldsymbol{r}')-G_D(\boldsymbol{r}';\boldsymbol{r})$$

$$=\oiint\limits_{S}[G_D(\boldsymbol{r};\boldsymbol{r}_0)\,\nabla_0 G_D(\boldsymbol{r}';\boldsymbol{r}_0)-G_D(\boldsymbol{r}';\boldsymbol{r})\,\nabla_0 G_D(\boldsymbol{r};\boldsymbol{r}_0)]\cdot\mathrm{d}\boldsymbol{S}$$

$$=0. \tag{5.3.30}$$

最后一个等号成立是因为 $G_D(\boldsymbol{r};\boldsymbol{r}_0)$ 和 $G_D(\boldsymbol{r}';\boldsymbol{r}_0)$ 都满足第一类齐次边界条件. 因此,式(5.3.29)成立. 同理可得,在第三类齐次边界条件下,式(5.3.29)也成立. 对于第二类边界条件,由于上文已经证明 $G_N(\boldsymbol{r};\boldsymbol{r}_0)$ 不能取第二类齐次边界条件,因此式(5.3.30)的方法失效. 此时可以将式(5.3.29)作为一个独立条件强加于 $G_N(\boldsymbol{r};\boldsymbol{r}_0)$,这样就使得格林函数 $G(\boldsymbol{r};\boldsymbol{r}_0)$ 仍然具有对称性.

5.3.3 电像法求格林函数

虽然可以用格林函数 $G(\boldsymbol{r};\boldsymbol{r}_0)$ 表示电势 $\Phi(\boldsymbol{r})$,但是在一般情况下,由于边界形状的任意性,格林函数 $G(\boldsymbol{r};\boldsymbol{r}_0)$ 并不容易求解. 对于某些具有高度对称性的区域,我们可以借助于对称性求得格林函数. 这里以静电学问题为例,阐述在第一类齐次边界条件下求解球形区域格林函数的电像法.

图 5.2 为 xOy 平面上球的剖面图,该球形区域 V 的表面 S 上的电势为零. 其中 O 为球心,R 为半径,球内任一点 M 的坐标为 (x,y,z),球内一点 P 位于 x 轴正半轴,其坐标为 $(r_1,0,0)$,P 点放置有一电量为 $-\varepsilon_0$ 的点电荷,求球内任一点的电势. 在第四章的例 4.5 中,我们用电势叠加原理求解了类似问题,现在我们将其表述为格林函数 $G(\boldsymbol{r};\boldsymbol{r}_0)$ 的如下定解问题:

图 5.2

$$\begin{cases}\Delta G_D(x,y,z;r_1,0,0)=\delta(x-r_1)\delta(y)\delta(z), & (x,y,z)\in V,\\ G_D(x,y,z;r_1,0,0)|_S=0.\end{cases} \tag{5.3.31}$$

由式(5.3.18)知,$G_D(x,y,z;r_1,0,0)$ 具有如下形式:

$$G_D(x,y,z;r_1,0,0) = -\frac{1}{4\pi\sqrt{(x-r_1)^2+y^2+z^2}} + F(x,y,z;r_1,0,0).$$
(5.3.32)

其中 $F(x,y,z;r_1,0,0)$ 在球内满足拉普拉斯方程. 下面利用对称性将其解出. 如图 5.2 所示,令 Q 为点 P 关于圆周的对称点,或者说"像点",其坐标为 $(r_2,0,0)$,则有

$$r_1 r_2 = R^2.$$
(5.3.33)

即对圆周上的任一点 N,$\triangle OPN$ 和 $\triangle OQN$ 相似. 因此,只要在 Q 点放置一个电量为 $\varepsilon_0 R/r_1$ 的点电荷,球面上的电势就为零. 并且由于电荷源 $\varepsilon_0 R/r_1$ 在球外,因此该点电荷的电势在球内满足拉普拉斯方程,这正是所寻求的 $F(x,y,z;r_1,0,0)$. 于是

$$G_D = -\frac{1}{4\pi\sqrt{(x-r_1)^2+y^2+z^2}} + \frac{R/r_1}{4\pi\sqrt{(x-R^2/r_1)^2+y^2+z^2}}.$$
(5.3.34)

二维圆形区域的处理方法与此类似. 这里留作练习.

§5.4　波动方程、亥姆霍兹方程与格林函数

5.4.1　亥姆霍兹方程与格林函数

本节我们以真空中的电磁波为例讨论三维无界空间中的波动方程. 在电动力学中,矢势和标势一起构成四矢势. 在洛伦兹规范下,四矢势的任一个分量 $\psi(\boldsymbol{r},t)$ 都满足如下形式的波动方程:

$$\Delta\psi(\boldsymbol{r},t) - \frac{1}{c^2}\frac{\partial^2\psi(\boldsymbol{r},t)}{\partial t^2} = f(\boldsymbol{r},t),$$
(5.4.1)

其中 c 为真空中的光速.

假设 $\psi(\boldsymbol{r},t)$ 和 $f(\boldsymbol{r},t)$ 关于时间 t 的傅里叶变换分别为 $\Psi(\boldsymbol{r},\omega)$ 和 $F(\boldsymbol{r},\omega)$,即

$$\begin{cases} \Psi(\boldsymbol{r},\omega) = \displaystyle\int_{-\infty}^{+\infty}\psi(\boldsymbol{r},t)\mathrm{e}^{\mathrm{i}\omega t}\,\mathrm{d}t, \\ F(\boldsymbol{r},\omega) = \displaystyle\int_{-\infty}^{+\infty}f(\boldsymbol{r},t)\mathrm{e}^{\mathrm{i}\omega t}\,\mathrm{d}t; \end{cases}$$
(5.4.2)

逆变换为

$$\begin{cases} \psi(\boldsymbol{r},t)=\dfrac{1}{2\pi}\displaystyle\int_{-\infty}^{+\infty}\Psi(\boldsymbol{r},\omega)\mathrm{e}^{-\mathrm{i}\omega t}\,\mathrm{d}\omega\,, \\[2mm] f(\boldsymbol{r},t)=\dfrac{1}{2\pi}\displaystyle\int_{-\infty}^{+\infty}F(\boldsymbol{r},\omega)\mathrm{e}^{-\mathrm{i}\omega t}\,\mathrm{d}\omega\,. \end{cases} \tag{5.4.3}$$

将式(5.4.3)代入式(5.4.1),可推出 $\Psi(\boldsymbol{r},\omega)$ 满足非齐次亥姆霍兹方程,即

$$\Delta\Psi(\boldsymbol{r},\omega)+k^2\Psi(\boldsymbol{r},\omega)=F(\boldsymbol{r},\omega), \tag{5.4.4}$$

其中波数 $k=\omega/c$.

同式(5.4.4)相关联的格林函数 $G_k(\boldsymbol{r};\boldsymbol{r}_0)$ 满足方程

$$\Delta G_k(\boldsymbol{r};\boldsymbol{r}_0)+k^2 G_k(\boldsymbol{r};\boldsymbol{r}_0)=\delta(\boldsymbol{r}-\boldsymbol{r}_0). \tag{5.4.5}$$

由于是无界空间,因此 $G_k(\boldsymbol{r};\boldsymbol{r}_0)$ 必定是 $\boldsymbol{r}-\boldsymbol{r}_0$ 的函数. 又因为拉普拉斯算子 Δ 和常数 k^2 是各向同性的,或者说是球对称的,故 $G_k(\boldsymbol{r};\boldsymbol{r}_0)$ 只可能依赖于 $|\boldsymbol{r}-\boldsymbol{r}_0|$. 为方便起见,我们再次取 $\boldsymbol{r}_0=(0,0,0)$,于是可将 $G_k(\boldsymbol{r};\boldsymbol{r}_0)$ 简记为 $G_k(r),r=\sqrt{x^2+y^2+z^2}$. 在球坐标系中重新写出式(5.4.5),则有

$$\frac{1}{r}\frac{\mathrm{d}^2\big[rG_k(r)\big]}{\mathrm{d}r^2}+k^2 G_k(r)=\delta(\boldsymbol{r}). \tag{5.4.6}$$

除原点以外,$G_k(r)$ 处处满足齐次方程

$$\frac{\mathrm{d}^2(rG_k)}{\mathrm{d}r^2}+k^2 rG_k=0 \quad (r\neq 0). \tag{5.4.7}$$

易知,式(5.4.7)的通解为

$$G_k(r)=A\,\frac{\mathrm{e}^{\mathrm{i}kr}}{r}+B\,\frac{\mathrm{e}^{-\mathrm{i}kr}}{r}, \tag{5.4.8}$$

其中 A,B 是任意常数. 注意到 δ 函数在原点的奇异性,并且当 $r\to 0$ 时,$kr\to 0$, $\mathrm{e}^{\pm\mathrm{i}kr}/r\sim 1/r$,在 $r=0$ 附近,式(5.4.6)左端的第二项将远小于第一项的奇异性,可以忽略,在此极限下式(5.4.6)可约化为泊松方程. 因此,由无界空间中泊松方程的格林函数,可知

$$A+B=-\frac{1}{4\pi}. \tag{5.4.9}$$

于是 $G_k(r)$ 为

$$\begin{aligned} G_k(r)&=-C\,\frac{\mathrm{e}^{\mathrm{i}kr}}{4\pi r}-(1-C)\,\frac{\mathrm{e}^{-\mathrm{i}kr}}{4\pi r}\\ &=CG_k^+(r)+(1-C)G_k^-(r), \end{aligned} \tag{5.4.10}$$

其中 C 为常数,而 $G_k^+(r)$ 和 $G_k^-(r)$ 分别为

$$G_k^+(r) = -\frac{\mathrm{e}^{\mathrm{i}kr}}{4\pi r}, \quad G_k^-(r) = -\frac{\mathrm{e}^{-\mathrm{i}kr}}{4\pi r}. \tag{5.4.11}$$

利用高斯定理把包含奇点的体积分转化为面积分也可以推得式(5.4.10).
以原点为球心作一半径为 ε 的小球,将 $G_k^+(r)$ 代入式(5.4.5) 的左端并在小球
区域 V 内计算如下积分:

$$I = \iiint\limits_V \left(-\nabla \cdot \nabla \frac{\mathrm{e}^{\mathrm{i}kr}}{4\pi r} - k^2 \frac{\mathrm{e}^{\mathrm{i}kr}}{4\pi r} \right) \mathrm{d}V. \tag{5.4.12}$$

为避免奇点导致的歧义,可用等式

$$\nabla \cdot \frac{\mathrm{e}^{\mathrm{i}kr} \boldsymbol{r}}{r} = 2\frac{\mathrm{e}^{\mathrm{i}kr}}{r} + \mathrm{i}k\mathrm{e}^{\mathrm{i}kr} \tag{5.4.13}$$

将式(5.4.12) 中积分的第二项进行如下替换:

$$-k^2 \frac{\mathrm{e}^{\mathrm{i}kr}}{4\pi r} = \frac{\mathrm{i}}{8\pi}k^3 \mathrm{e}^{\mathrm{i}kr} - \frac{1}{8\pi}k^2 \nabla \cdot \frac{\mathrm{e}^{\mathrm{i}kr} \boldsymbol{r}}{r}. \tag{5.4.14}$$

将式(5.4.14) 代入式(5.4.12) 并利用高斯定理,则有

$$
\begin{aligned}
I &= \iiint\limits_V \left(\frac{\mathrm{i}}{8\pi}k^3 \mathrm{e}^{\mathrm{i}kr} - \frac{1}{8\pi}k^2 \nabla \cdot \frac{\mathrm{e}^{\mathrm{i}kr} \boldsymbol{r}}{r} - \nabla \cdot \nabla \frac{\mathrm{e}^{\mathrm{i}kr}}{4\pi r} \right) \mathrm{d}V \\
&= \iiint\limits_V \frac{\mathrm{i}}{8\pi}k^3 \mathrm{e}^{\mathrm{i}kr} \mathrm{d}V - \oiint \left(\frac{k^2}{8\pi} \frac{\mathrm{e}^{\mathrm{i}kr} \boldsymbol{r}}{r} + \nabla \frac{\mathrm{e}^{\mathrm{i}kr}}{4\pi r} \right) \cdot \mathrm{d}\boldsymbol{S} \\
&= I_1 + I_2. \tag{5.4.15}
\end{aligned}
$$

其中体积分 I_1 不含奇点,可以直接计算,而包含奇点的积分项已经转换为正
常的面积分 I_2. 分部积分 I_1,可得

$$
\begin{aligned}
I_1 &= \int_0^\varepsilon \frac{\mathrm{i}}{8\pi}k^3 \mathrm{e}^{\mathrm{i}kr} r^2 \mathrm{d}r \int_0^\pi \sin\theta \, \mathrm{d}\theta \int_0^{2\pi} \mathrm{d}\varphi \\
&= \frac{1}{2}k^2 r^2 \mathrm{e}^{\mathrm{i}kr} \Big|_0^\varepsilon - k^2 \int_0^\varepsilon r\mathrm{e}^{\mathrm{i}kr} \mathrm{d}r \\
&= \frac{1}{2}k^2 \varepsilon^2 \mathrm{e}^{\mathrm{i}k\varepsilon} + \mathrm{i}k\varepsilon \mathrm{e}^{\mathrm{i}k\varepsilon} - \mathrm{e}^{\mathrm{i}k\varepsilon} + 1. \tag{5.4.16}
\end{aligned}
$$

对于球面上的积分 I_2,令 $\boldsymbol{n}$ 为球面的径向单位向量,则

$$
\begin{aligned}
I_2 &= -\oiint \left(\frac{k^2}{8\pi} \frac{\mathrm{e}^{\mathrm{i}kr} \boldsymbol{r}}{r} + \nabla \frac{\mathrm{e}^{\mathrm{i}kr}}{4\pi r} \right) \cdot \mathrm{d}\boldsymbol{S} \\
&= -\oiint \left(\frac{k^2 \mathrm{e}^{\mathrm{i}k\varepsilon}}{8\pi} \boldsymbol{n} - \frac{\mathrm{e}^{\mathrm{i}k\varepsilon}}{4\pi\varepsilon^2} \boldsymbol{n} + \frac{\mathrm{i}k\mathrm{e}^{\mathrm{i}k\varepsilon}}{4\pi\varepsilon} \boldsymbol{n} \right) \cdot \boldsymbol{n} \mathrm{d}S \\
&= -\frac{1}{2}k^2 \varepsilon^2 \mathrm{e}^{\mathrm{i}k\varepsilon} - \mathrm{i}k\varepsilon \mathrm{e}^{\mathrm{i}k\varepsilon} + \mathrm{e}^{\mathrm{i}k\varepsilon}. \tag{5.4.17}
\end{aligned}
$$

因此,积分 I 等于 1,即

$$I = I_1 + I_2 = 1. \tag{5.4.18}$$

令小球的半径 $\varepsilon \to 0$，则式(5.4.18)仍然成立. 于是对于任一区域 V，作形如式(5.4.12)的积分，只要 V 包含原点，积分值就为 1；当积分区域不包含原点时，则由式(5.4.7)易知，积分的结果为 0. 同理可得，$G_k^-(r)$ 拥有同样的性质. 因此，表示式(5.4.10)是无界空间中亥姆霍兹方程的格林函数.

$G_k^+(r)$ 代表位于原点的波源出射的发散球面波，而 $G_k^-(r)$ 表示汇聚球面波. 一般情况下，在波源开始工作之后的时间内，用到的是 $G_k^+(r)$. 但是在适当的时间条件设置下，就会用到 $G_k^-(r)$，如后文所述. 对于任意 r_0 的情形，将原点恢复为任意一点即可得到格林函数 $G_k(r;r_0)$ 的一般表达式为

$$G_k(r;r_0) = G_k(\mid r - r_0 \mid) = CG_k^+(\mid r - r_0 \mid) + (1 - C)G_k^-(\mid r - r_0 \mid). \tag{5.4.19}$$

其中，C 为常数，$G_k^+(\mid r - r_0 \mid)$ 和 $G_k^-(\mid r - r_0 \mid)$ 分别为

$$G_k^+(\mid r - r_0 \mid) = -\frac{e^{ik\mid r-r_0\mid}}{4\pi \mid r - r_0 \mid}, \quad G_k^-(\mid r - r_0 \mid) = -\frac{e^{-ik\mid r-r_0\mid}}{4\pi \mid r - r_0 \mid}, \tag{5.4.20}$$

且

$$\Delta G_k^\pm(\mid r - r_0 \mid) + k^2 G_k^\pm(\mid r - r_0 \mid) = \delta(r - r_0). \tag{5.4.21}$$

5.4.2　波动方程与格林函数

与式(5.4.1)相关的波动方程的格林函数 $G_k^\pm(r,t;r_0,t_0)$ 满足方程

$$\Delta G_k^\pm(r,t;r_0,t_0) - \frac{1}{c^2}\frac{\partial^2 G_k^\pm(r,t;r_0,t_0)}{\partial t^2} = \delta(r - r_0)\delta(t - t_0). \tag{5.4.22}$$

将式(5.4.22)两边同时对时间 t 作傅里叶变换，由式(5.4.2)、式(5.4.4)和式(5.4.21)，可知

$$\Delta G_k^\pm(\mid r - r_0 \mid)e^{i\omega t_0} + k^2 G_k^\pm(\mid r - r_0 \mid)e^{i\omega t_0} = \delta(r - r_0)e^{i\omega t_0}, \tag{5.4.23}$$

即 $G_k^\pm(r,t;r_0,t_0)$ 对时间的傅里叶变换为 $G_k^\pm(\mid r - r_0 \mid)e^{i\omega t_0}$. 由逆变换(5.4.3)可得

$$\begin{aligned}
G_k^\pm(r,t;r_0,t_0) &= G_k^\pm(\mid r - r_0 \mid, t - t_0)\\
&= -\frac{1}{4\pi \mid r - r_0 \mid}\frac{1}{2\pi}\int_{-\infty}^{+\infty} e^{\pm ik\mid r-r_0\mid}e^{-i\omega(t-t_0)}\,d\omega\\
&= -\frac{1}{4\pi \mid r - r_0 \mid}\delta\left(t_0 - t \pm \frac{\mid r - r_0 \mid}{c}\right)\\
&= -\frac{1}{4\pi \mid r - r_0 \mid}\delta\left(t - t_0 \mp \frac{\mid r - r_0 \mid}{c}\right).
\end{aligned} \tag{5.4.24}$$

为理解格林函数 $G_k^{\pm}(r,t;r_0,t_0)$ 的物理意义,将其写作

$$G_k^{\pm}(r,t;r_0,t_0)=-\frac{1}{4\pi|r-r_0|}\delta\left[t_0-\left(t\mp\frac{|r-r_0|}{c}\right)\right],\quad(5.4.25)$$

其中,$|r-r_0|/c$ 为电磁波从源点传播到场点所花费的时间;$G_k^{+}(r,t;r_0,t_0)$ 表示 r 处在时刻 t 的波动效应源自 r_0 处波源在更早时刻 $t_0=t-|r-r_0|/c$ 的作用,因此 $G_k^{+}(r,t;r_0,t_0)$ 称为**推迟格林函数**;而 $G_k^{-}(r,t;r_0,t_0)$ 表示 r 处在时刻 t 的行为与 r_0 处在其后时刻 $t_0=t+|r-r_0|/c$ 的作用相关联,因此 $G_k^{-}(r,t;r_0,t_0)$ 称为**超前格林函数**,对应于 $G_k^{+}(r,t;r_0,t_0)$ 的时间反演.

利用 $G_k^{\pm}(r,t;r_0,t_0)$,可以给出式(5.4.1)的特解为

$$\psi^{\pm}(r,t)=\iiint G_k^{\pm}(r,t;r_0,t_0)f(r_0,t_0)\mathrm{d}x_0\mathrm{d}y_0\mathrm{d}z_0\mathrm{d}t_0.\quad(5.4.26)$$

在物理学中经常遇到"入射""出射"的问题,在这种情形下,场源 $f(r_0,t_0)$ 只在有限的时间和空间内不为零,因此规定了相应的 $\psi_入(r,t)$ 和 $\psi_出(r,t)$. 这里,$\psi_入(r,t)$ 和 $\psi_出(r,t)$ 分别表示来自久远的过去和未来的波,因此满足齐次波动方程.

在入射问题中,假设在 $t\to-\infty$ 时就存在已知的入射波 $\psi_入(r,t)$,给定上述有限时空内的波源 $f(r_0,t_0)$ 后,用推迟格林函数 $G_k^{+}(r,t;r_0,t_0)$ 可将波动方程(5.4.1)的解表示为

$$\psi(r,t)=\psi_入(r,t)+\iiint G_k^{+}(r,t;r_0,t_0)f(r_0,t_0)\mathrm{d}x_0\mathrm{d}y_0\mathrm{d}z_0\mathrm{d}t_0.\quad(5.4.27)$$

由波源 $f(r_0,t_0)$ 和 G_k^{+} 的性质可知,在足够早的过去,式(5.4.27)中只有 $\psi_入(r,t)$. 在出射问题中,预见了当 $t\to+\infty$ 时,在遥远的将来波的形式为 $\psi_出(r,t)$,即

$$\psi(r,t)=\psi_出(r,t)+\iiint G_k^{-}(r,t;r_0,t_0)f(r_0,t_0)\mathrm{d}x_0\mathrm{d}y_0\mathrm{d}z_0\mathrm{d}t_0.\quad(5.4.28)$$

比较常见的物理应用是 $\psi_入(r,t)=0$ 时的推迟势,并且在推迟势表示中已经将含时间的 δ 函数积分掉,即

$$\psi(r,t)=-\iiint\frac{1}{4\pi|r-r_0|}f\left(r_0,t-\frac{|r-r_0|}{c}\right)\mathrm{d}x_0\mathrm{d}y_0\mathrm{d}z_0.\quad(5.4.29)$$

§5.5　无界空间的热传导方程与格林函数

本节将讨论无界空间热传导方程的格林函数. 以一维情形为例,格林函

数 $G(x,t;x_0,t_0)$ 满足方程

$$G_t(x,t;x_0,t_0) - a^2 G_{xx}(x,t;x_0,t_0) = \delta(x-x_0)\delta(t-t_0). \qquad (5.5.1)$$

对式 (5.5.1) 两边关于变量 x 作傅里叶变换,可得

$$\frac{\mathrm{d}F[G]}{\mathrm{d}t} + a^2\lambda^2 F[G] = \mathrm{e}^{\mathrm{i}\lambda x_0}\delta(t-t_0), \qquad (5.5.2)$$

其中 $F[G]$ 为

$$F[G] = \int_{-\infty}^{+\infty} G(x,t;x_0,t_0)\mathrm{e}^{\mathrm{i}\lambda x}\,\mathrm{d}x. \qquad (5.5.3)$$

由式 (5.1.26),易见式 (5.5.2) 的解 $F[G]$ 为

$$F[G] = \mathrm{e}^{\mathrm{i}\lambda x_0 - a^2\lambda^2(t-t_0)}\mathrm{H}(t-t_0), \qquad (5.5.4)$$

其中 $\mathrm{H}(t-t_0)$ 为阶跃函数. 通常在热传导方程中求解 $t>0$ 时的解,在当前情形下即为 $t>t_0$,因此我们不考虑式 (5.5.2) 的形如 $-\mathrm{e}^{\mathrm{i}\lambda x_0 - a^2\lambda^2(t-t_0)}\mathrm{H}(t_0-t)$ 的解. 对式 (5.5.4) 作逆变换即得

$$
\begin{aligned}
G(x,t;x_0,t_0) &= \frac{1}{2\pi}\mathrm{H}(t-t_0)\int_{-\infty}^{+\infty}\mathrm{e}^{\mathrm{i}\lambda x_0 - a^2\lambda^2(t-t_0)}\mathrm{e}^{-\mathrm{i}\lambda x}\,\mathrm{d}\lambda \\
&= \frac{1}{2\pi}\mathrm{H}(t-t_0)\mathrm{e}^{-\frac{(x-x_0)^2}{4a^2(t-t_0)}}\int_{-\infty}^{+\infty}\mathrm{e}^{-\left(a\lambda\sqrt{t-t_0}+\mathrm{i}\frac{x-x_0}{2a\sqrt{t-t_0}}\right)^2}\,\mathrm{d}\lambda \\
&= \frac{1}{2a\sqrt{\pi(t-t_0)}}\mathrm{e}^{-\frac{(x-x_0)^2}{4a^2(t-t_0)}}\mathrm{H}(t-t_0). \qquad (5.5.5)
\end{aligned}
$$

注意到

$$\lim_{t-t_0\to 0^+} G(x,t;x_0,t_0) = \delta(x-x_0), \qquad (5.5.6)$$

可知 $G(x,t;x_0,t_0)$ 表示初始时刻拥有单位热量的一个点对温度演化的影响,即在 $t=t_0$ 时刻点 $x=x_0$ 处有一热源,热量值为 1,在 t_0 时刻之后各点的温度为 $G(x,t;x_0,t_0)$. 因此,定解问题

$$
\begin{cases}
u_t(x,t) - a^2 u_{xx}(x,t) = f(x,t) & (-\infty < x < +\infty, t>0), \\
u(x,0) = 0
\end{cases}
\qquad (5.5.7)
$$

的解为

$$u(x,t) = \int_0^t \int_{-\infty}^{+\infty} G(x,t;x_0,t_0)f(x_0,t_0)\,\mathrm{d}x_0\,\mathrm{d}t_0, \qquad (5.5.8)$$

并且由式 (5.5.6) 可得,定解问题

$$
\begin{cases}
u_t(x,t) - a^2 u_{xx}(x,t) = f(x,t) & (-\infty < x < +\infty, t>0), \\
u(x,0) = \varphi(x)
\end{cases}
\qquad (5.5.9)
$$

的解为

$$u(x,t) = \int_{-\infty}^{+\infty} G(x,t;x_0,0)\varphi(x_0)\mathrm{d}x_0$$

$$+ \int_0^t \int_{-\infty}^{+\infty} G(x,t;x_0,t_0)f(x_0,t_0)\mathrm{d}x_0\mathrm{d}t_0. \quad (5.5.10)$$

应当指出的是,对 $G(x,t;x_0,t_0)$ 的解释中允许了热传导过程中超光速的行为,这是没有物理意义的. 产生这一悖论的原因在于经过理想化假设得到的热传导方程,其中已经包含了非物理因素,比如,无限长的细杆这一概念. 所以方程及其解都是对实际物理过程的近似.

上述方法不难推广到高维情形. 例如,三维无界空间热传导方程的格林函数 $G(\boldsymbol{r},t;\boldsymbol{r}_0,t_0)$ 满足方程

$$G_t(\boldsymbol{r},t;\boldsymbol{r}_0,t_0) - a^2 \Delta_3 G(\boldsymbol{r},t;\boldsymbol{r}_0,t_0) = \delta(\boldsymbol{r}-\boldsymbol{r}_0)\delta(t-t_0), \quad (5.5.11)$$

其解为

$$G(\boldsymbol{r},t;\boldsymbol{r}_0,t_0) = \frac{1}{2a\sqrt{\pi(t-t_0)}} \mathrm{e}^{-\frac{(x-x_0)^2+(y-y_0)^2+(z-z_0)^2}{4a^2(t-t_0)}} \mathrm{H}(t-t_0). \quad (5.5.12)$$

习题五

1.已知 $G(0,\xi)=0, \dfrac{\mathrm{d}G(x,\xi)}{\mathrm{d}x}\bigg|_{x=1}=0. G(x,\xi)$ 满足方程

$$\frac{\mathrm{d}^2 G(x,\xi)}{\mathrm{d}x^2} = \delta(x-\xi) \quad (0 \leqslant x \leqslant 1),$$

求格林函数 $G(x,\xi)$.

2.已知 $G(0,\xi)=G(\pi/2,\xi)=0, G(x,\xi)$ 满足方程

$$\frac{\mathrm{d}^2 G(x,\xi)}{\mathrm{d}x^2} + G(x,\xi) = \delta(x-\xi) \quad \left(0 \leqslant x \leqslant \frac{\pi}{2}\right),$$

求格林函数 $G(x,\xi)$.

3.用傅里叶变换的方法求三维无界空间中泊松方程

$$\Delta_3 G_0(x,y,z) = \delta(x)\delta(y)\delta(z)$$

的格林函数.

4.已知电势 $\Phi(\boldsymbol{r})$ 在区域 V 的边界面 S 上取第三类边界条件

$$\alpha\Phi(\boldsymbol{r}) + \beta\frac{\partial\Phi(\boldsymbol{r})}{\partial n}\bigg|_S = h, \quad \alpha\beta \neq 0;$$

在体积 V 内,$\Phi(\boldsymbol{r})$ 满足泊松方程

$$\Delta\Phi(r) = -\frac{\rho(r)}{\varepsilon_0}.$$

求相应的格林函数 $G_L(r;r_0)$ 应满足的条件,并用 $G_L(r;r_0)$ 表示 $\Phi(r)$.

5.取平面内半径为 R 的圆周电势为 0,圆心为原点,已知在 x 轴上距离圆心为 $r_1(r_1 < R)$ 处有一点电荷 $-\varepsilon_0$,求圆域上的格林函数 $G_D(x,y;r_1,0)$.

6.已知一半径为 R 的球在初始时刻 $t=0$ 充满浓度为 u_0 的气体,球外气体浓度为 0,求 $t > 0$ 时全空间中气体的浓度.

第六章   变分法简介

§6.1   变分法的提出

变分法是 17 世纪末发展起来的数学分析的一大分支. 它不仅能用来解决数学上许多不同的问题, 也能以非常简洁的形式来表达数学物理中的基本原理.

这里用几个典型问题来引入变分法. 如图 6.1 所示, 连接平面上给定两点 P, Q 的曲线可以有无数条. 如果问其中哪条曲线最短, 凭借直观给出的回答一定是直线. 若要问哪条曲线绕 x 轴旋转后得到的旋转曲面的面积最小, 则答案就不那么明显了. 倘若曲线表示竖直平面内的一根光滑无摩擦的细丝, 其上串有一颗小珠, 什么形状的曲线能使串珠从 P 滑到 Q 所需的时间最短呢? 这是约翰·伯努利提出的著名的最速降线问题. 这类问题往往不能靠直观给出正确答案, 而变分法则提供了一种处理这类问题的通用分析方法.

图 6.1

在以上几个问题中, 变分法处理的是依赖于整条曲线的某个量(弧长、曲面面积、下落时间), 所求的是使其取极小值的那条曲线. 变分法也可用来处理依赖于曲面的极小值问题. 例如, 若把一段铁丝弯成任意形状的一圈, 浸入肥皂水中然后取出, 在表面张力的作用下, 附着在铁丝上的肥皂膜的面积将是极小. 在数学上这一问题可表示为在给定的边界条件下求面积最小的曲面.

此外, 变分法在分析力学、量子场论、工程力学以及用数学解释许多物理现象方面都起着重要的作用. 例如,若一组质点的运动状态由彼此间的引力决定,则它们的实际运动路线将是使该系统的动能与势能之差对于时间的积分取极小值的那条曲线. 经典力学中将这一影响深远的命题,以其发现者的名字命名为**哈密顿原理**.

变分法中有几个古老的问题,早就被古希腊人考察过并进行了部分解决. 牛顿和莱布尼茨发明微积分后,曾激发了人们对一些变分法问题研究的兴趣,其中有些问题已通过巧妙的方法得到了解决. 然而,在欧拉发现极小曲线的基本微分方程之后,这门学科才开始成为数学分析中的一个自成体系的分支.

上面提出的几个问题,可以统一用下述较一般的问题来表述. 设 P,Q 的坐标分别为 $(x_1,y_1),(x_2,y_2)$,我们考察满足边界条件 $y(x_1)=y_1$ 和 $y(x_2)=y_2$ 的函数族

$$y=y(x). \tag{6.1.1}$$

也就是说,式(6.1.1)表示的曲线图形必须连接 P 和 Q. 然后,找出这个函数族里能使下列积分取极小值的那个函数 $y(x)$:

$$I(y)=\int_{x_1}^{x_2}f(x,y,y')\mathrm{d}x. \tag{6.1.2}$$

这一表述方法涵盖了上述几个问题,其中对于最短曲线,积分 $I(y)$ 即为式(6.1.1)表示的曲线弧长,大小为

$$\int_{x_1}^{x_2}\sqrt{1+(y')^2}\,\mathrm{d}x; \tag{6.1.3}$$

对于曲线绕 x 轴旋转而成的最小曲面面积,$I(y)$ 为

$$\int_{x_1}^{x_2}2\pi y\sqrt{1+(y')^2}\,\mathrm{d}x. \tag{6.1.4}$$

而对最速降线的问题,较为方便的做法是取点 P 为坐标原点并使 y 轴竖直向下(见图 6.2),从而速度 $v=\mathrm{d}s/\mathrm{d}t$ 由 $v=\sqrt{2gy}$ 给出. 由于下降时间是 $\mathrm{d}s/v$ 的积分,故 $I(y)$ 为

$$\int_{x_1}^{x_2}\sqrt{\frac{1+(y')^2}{2gy}}\,\mathrm{d}x. \tag{6.1.5}$$

于是,前述三个具体问题就可以分别表示为求式(6.1.3)至式(6.1.5)形式的 $I(y)$ 的极小值.

为了清楚地表达积分(6.1.2)取极小值的问题,我们进一步提出一些条件. 第一,我们总假定函数 $f(x,y,y')$ 具有对于 x,y 和 y' 的二

图 6.2

阶连续偏导数. 第二,明确式(6.1.1)中函数的范围. 由于积分(6.1.2)在被积函数为 x 的一个连续函数时总是一个确定的实数,为此,只要假定 $y'(x)$ 连续就行了. 然而,为保证之后要进行的运算合法,不妨在这里一劳永逸地将 $y(x)$ 限制为具有连续二阶导数且满足边界条件 $y(x_1)=y_1$ 和 $y(x_2)=y_2$ 的函数. 这样的函数称为**容许函数**. 于是,问题变为从这类容许函数族中挑选出能使 $I(y)$ 取得极小值的某一个或某几个函数.

虽然提出了这些条件,但是我们并不打算太注重数学的严格性问题,而是准备从实用的角度出发,使学生尽快地熟悉变分法的具体应用.

§6.2　欧拉方程

假定存在一个容许函数 $y(x)$,使积分

$$I=\int_{x_1}^{x_2}f(x,y,y')\mathrm{d}x \qquad (6.2.1)$$

取得极小值,现在设法求出这个函数. 我们将会发现,把 $y(x)$ 的相邻容许函数的 I 值进行比较,可以得到 $y(x)$ 的一个微分方程. 由于 $y(x)$ 使 I 取极小值,因而若使 $y(x)$ 稍受"扰动"就会使 I 增大. 这些受扰动后的函数可由下述方法得到.

设 $\eta(x)$ 是任一具有下列性质的函数: $\eta''(x)$ 连续且

$$\eta(x_1)=\eta(x_2)=0. \qquad (6.2.2)$$

若 α 是个小参量,则

$$\bar{y}(x)=y(x)+\alpha\eta(x) \qquad (6.2.3)$$

表示一个单参量容许函数族. 这个函数族中的一条曲线与极小曲线 $y(x)$ 的 y 轴方向的偏离是 $\alpha\eta(x)$,如图 6.3 所示. 对于每一个所选取的函数 $\eta(x)$,极小函数 $y(x)$ 都属于式(6.2.3)表示的函数族,且对应于参量 $\alpha=0$ 的值.

取定了 $\eta(x)$ 之后,把 $\bar{y}(x)=y(x)+\alpha\eta(x)$ 和 $\bar{y}'(x)=y'(x)+\alpha\eta'(x)$ 代入积分(6.2.1),便可得出 α 的一个函数 $I(\alpha)$:

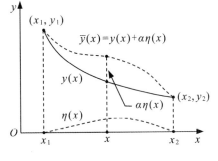

图 6.3

$$I(\alpha) = \int_{x_1}^{x_2} f(x, \bar{y}, \bar{y}') \mathrm{d}x$$

$$= \int_{x_1}^{x_2} f[x, y(x) + \alpha\eta(x), y'(x) + \alpha\eta'(x)] \mathrm{d}x. \tag{6.2.4}$$

因为 $y(x)$ 使积分取极小值,故 $I(0)$ 必为 $I(\alpha)$ 的极小值. 由微积分知识可知,其必要条件是导数 $I'(\alpha)$ 在 $\alpha = 0$ 时为 0,即 $I'(0) = 0$. 对式 $(6.2.4)$ 两边求导即得 $I'(\alpha)$,即

$$I'(\alpha) = \int_{x_1}^{x_2} \frac{\partial}{\partial \alpha} f(x, \bar{y}, \bar{y}') \mathrm{d}x. \tag{6.2.5}$$

根据多元函数的链式求导法则,有

$$\frac{\partial}{\partial \alpha} f(x, \bar{y}, \bar{y}') = \frac{\partial f}{\partial x} \frac{\partial x}{\partial \alpha} + \frac{\partial f}{\partial \bar{y}} \frac{\partial \bar{y}}{\partial \alpha} + \frac{\partial f}{\partial \bar{y}'} \frac{\partial \bar{y}'}{\partial \alpha} = \frac{\partial f}{\partial \bar{y}} \eta(x) + \frac{\partial f}{\partial \bar{y}'} \eta'(x),$$

从而式 $(6.2.5)$ 可写为

$$I'(\alpha) = \int_{x_1}^{x_2} \left[\frac{\partial f}{\partial \bar{y}} \eta(x) + \frac{\partial f}{\partial \bar{y}'} \eta'(x) \right] \mathrm{d}x. \tag{6.2.6}$$

由于 $I'(0) = 0$,因此在式 $(6.2.6)$ 中令 $\alpha = 0$ 就有

$$\int_{x_1}^{x_2} \left[\frac{\partial f}{\partial y} \eta(x) + \frac{\partial f}{\partial y'} \eta'(x) \right] \mathrm{d}x = 0. \tag{6.2.7}$$

方程 $(6.2.7)$ 中同时出现了导数 $\eta'(x)$ 与函数 $\eta(x)$. 对第二项进行分部积分消去 $\eta'(x)$,同时由边界项 $(6.2.2)$ 为 0,可得到

$$\int_{x_1}^{x_2} \frac{\partial f}{\partial y'} \eta'(x) \mathrm{d}x = \left[\eta(x) \frac{\partial f}{\partial y'} \right]_{x_1}^{x_2} - \int_{x_1}^{x_2} \eta(x) \frac{\mathrm{d}}{\mathrm{d}x} \left(\frac{\partial f}{\partial y'} \right) \mathrm{d}x$$

$$= -\int_{x_1}^{x_2} \eta(x) \frac{\mathrm{d}}{\mathrm{d}x} \left(\frac{\partial f}{\partial y'} \right) \mathrm{d}x.$$

于是式 $(6.2.7)$ 可写成

$$\int_{x_1}^{x_2} \eta(x) \left[\frac{\partial f}{\partial y} - \frac{\mathrm{d}}{\mathrm{d}x} \left(\frac{\partial f}{\partial y'} \right) \right] \mathrm{d}x = 0. \tag{6.2.8}$$

至此为止,上述推导中的函数 $\eta(x)$ 都是取定的. 然而由于式 $(6.2.8)$ 中的积分必须对每一个取定的 $\eta(x)$ 都等于 0,故可推断出方括号中的表示式必须等于 0,即

$$\frac{\mathrm{d}}{\mathrm{d}x} \left(\frac{\partial f}{\partial y'} \right) - \frac{\partial f}{\partial y} = 0. \tag{6.2.9}$$

式 $(6.2.9)$ 称为**欧拉方程**.

现在我们可以得到结论:若 $y(x)$ 是能使积分 $(6.2.1)$ 取得极小值的容许函数,则 $y(x)$ 满足欧拉方程 $(6.2.9)$. 同时也引出了另一个问题:若容许函数

$y(x)$是微分方程(6.2.9)的一个解,$y(x)$是否使 I 取极小值呢?答案是不一定.这和微积分中的情况相似:如果函数 $g(x)$ 的导数在点 x_0 处等于 0,那么 $g(x)$ 在点 x_0 处可能取极大值、极小值或者该点是函数的拐点.这三种情形下的函数值统称为 $g(x)$ 的**驻值**,而出现驻值处的点 x_0 叫作**驻点**.同样地,条件 $I'(0)=0$ 也完全可以是 $I(\alpha)$ 的极大值或拐点值而不是极小值.因此,通常把欧拉方程的任一容许解称为**驻函数**或**驻曲线**,把积分(6.2.1)的对应值叫作这个积分的一个**驻值**,而不说明具体是哪一种情形.另外,欧拉方程的解在未受边界条件限制前叫作**极值曲线**.作为函数 $y(x)$ 的函数,$I(y)$ 称为**泛函**.这种求泛函极值的方法称为**变分法**.

在微积分中,可以通过利用二阶导数给出极值的充分条件,来区别驻值中所包含的各种情形.在变分法中也有类似的充分条件,但因这些条件相当复杂,故在这里暂不考虑.根据实际所讨论问题中的几何或物理情况,往往就能确定一个特定的驻函数,使得积分取得极大值或极小值(或者都不是).

欧拉方程(6.2.9)目前的形式还比较抽象,下面将说明它的意义并把它变成一种有用的工具.需要特别强调的是,在计算偏导数 $\partial f/\partial y$ 和 $\partial f/\partial y'$ 时,我们把 x,y 和 y' 都当作自变量来看待.然而在一般情形下,$\partial f/\partial y'$ 既是 x 的显函数,也是 x 的隐含数,故式(6.2.9)中的第一项可写成展开的形式:

$$\frac{\partial}{\partial x}\left(\frac{\partial f}{\partial y'}\right)+\frac{\partial}{\partial y}\left(\frac{\partial f}{\partial y'}\right)\frac{\mathrm{d}y}{\mathrm{d}x}+\frac{\partial}{\partial y'}\left(\frac{\partial f}{\partial y'}\right)\frac{\mathrm{d}y'}{\mathrm{d}x}.$$

于是欧拉方程为

$$f_{y'y'}\frac{\mathrm{d}^2 y}{\mathrm{d}x^2}+f_{yy'}\frac{\mathrm{d}y}{\mathrm{d}x}+(f_{y'x}-f_y)=0. \tag{6.2.10}$$

当 $f_{y'y'}\neq 0$ 时,该方程是一个二阶方程,故其极值曲线一般是双参量曲线族;而驻函数由适合所给边界条件的参量值所确定.一般情形下,式(6.2.10)是一个二阶非线性方程,难以求解.但幸运的是,许多重要的应用问题会给出一些可以求解的特殊情形.

情形 A　若函数 f 不显含 x 和 y,则欧拉方程变为

$$f_{y'y'}\frac{\mathrm{d}^2 y}{\mathrm{d}x^2}=0. \tag{6.2.11}$$

若 $f_{y'y'}\neq 0$,便有 $\mathrm{d}^2 y/\mathrm{d}x^2=0$,于是 $y=c_1 x+c_2$,故所有直线都是极值曲线.

情形 B　若函数 f 不显含 y,则欧拉方程变为

$$\frac{\mathrm{d}}{\mathrm{d}x}\left(\frac{\partial f}{\partial y'}\right)=0, \tag{6.2.12}$$

对式(6.2.12)积分可得表示极值曲线的一阶方程

$$\frac{\partial f}{\partial y'} = c_1. \tag{6.2.13}$$

情形 C　若函数 f 不显含 x，则欧拉方程积分后为

$$\frac{\partial f}{\partial y'}y' - f = c_1, \tag{6.2.14}$$

其中利用了下述恒等式：

$$\frac{\mathrm{d}}{\mathrm{d}x}\left(\frac{\partial f}{\partial y'}y' - f\right) = y'\left[\frac{\mathrm{d}}{\mathrm{d}x}\left(\frac{\partial f}{\partial y'}\right) - \frac{\partial f}{\partial y}\right] - \frac{\partial f}{\partial x}. \tag{6.2.15}$$

式 (6.2.15) 右边等于 0，因为 $\partial f/\partial x = 0$，而方括号中的式子根据欧拉方程也等于 0.

现在我们应用这套方法来解上一节所列出的三个问题.

【例 6.1】　求连接两点 (x_1, y_1) 和 (x_2, y_2) 的最短曲线.

解　由前述内容可知，连接两点 (x_1, y_1) 和 (x_2, y_2) 的最短曲线使弧长积分

$$I = \int_{x_1}^{x_2} \sqrt{1 + (y')^2}\,\mathrm{d}x$$

取极小值. 因为 $f(y') = \sqrt{1 + (y')^2}$ 里不显含变量 x 和 y，所以属于情形 A. 因

$$f_{y'y'} = \frac{\partial^2 f}{\partial y'^2} = 1/\left[1 + (y')^2\right]^{3/2} \neq 0,$$

故由情形 A 可知，极值曲线是双参量直线族 $y = c_1 x + c_2$. 利用边界条件，可得驻曲线为

$$y - y_1 = \frac{y_2 - y_1}{x_2 - x_1}(x - x_1). \tag{6.2.16}$$

此即连接两点的直线. 这里通过解析方法得到了这个显然的结论. 应当指出的是，上述分析仅仅说明：若 I 有一驻值，则相应的驻曲线必为直线 (6.2.16). 然而，由几何关系易见，不存在使 I 取极大值的曲线，但确实存在使它取极小值的曲线，由此可知式 (6.2.16) 即为连接给定两点的最短曲线.

【例 6.2】　求连接点 (x_1, y_1) 和 (x_2, y_2) 的一条曲线，使得它绕 x 轴旋转而成的曲面有极小面积.

解　为使旋转曲面有极小面积，需要取

$$I = \int_{x_1}^{x_2} 2\pi y \sqrt{1 + (y')^2}\,\mathrm{d}x \tag{6.2.17}$$

的极小值. 由于在 $f(y, y') = 2\pi y \sqrt{1 + (y')^2}$ 中不显含变量 x，故该问题属于

情形 C, 则欧拉方程变为

$$\frac{y\,(y')^2}{\sqrt{1+(y')^2}} - y\sqrt{1+(y')^2} = c_1, \qquad (6.2.18)$$

化简式(6.2.18)可得

$$c_1 y' = \sqrt{y^2 - c_1^2}.$$

分离变量并积分可得

$$x = c_1 \int \frac{\mathrm{d}y}{\sqrt{y^2 - c_1^2}} = c_1 \ln \frac{y + \sqrt{y^2 - c_1^2}}{c_1} + c_2. \qquad (6.2.19)$$

由式(6.2.19)可得

$$y = c_1 \cosh \frac{x - c_2}{c_1}. \qquad (6.2.20)$$

因此极值曲线是悬链线, 则所要求的极小曲面(如果存在的话)必由悬链线旋转而成.

这里还需要考察解的存在性, 即是否能通过对参量 c_1 和 c_2 的选取, 使曲线(6.2.20)连接点 (x_1, y_1) 和 (x_2, y_2). 结果发现, 不一定存在这样的解. 分析如下: 若使曲线(6.2.20)通过点 (x_1, y_1), 则给出的方程确定了两个参量之间的函数关系, 则还剩下一个参量. 图 6.4 画出了这个单参量曲线族中的两条曲线. 可以证明, 所有这样的曲线都同用虚线画出的 L 相切, 故这个曲线族中没有一条曲线是穿过 L 的. 因此, 当第二个点 (x_2, y_2) 位于 L 之下时, 就不存在通过两点的悬链线, 因而也就不存在驻函数. 在这一情形下, 我们发现, 当曲线愈来愈接近于 $(x_1, y_1) \rightarrow (x_1, 0) \rightarrow (x_2, 0) \rightarrow (x_2, y_2)$ 这个用虚线画出的折线时, 它所旋转出的曲面就愈来愈小, 因而没有一条容许曲线能旋转出极小曲面. 当第二个点也位于 L 之上时, 则有两条悬链线通过这两个点, 从而有两个驻函数, 但只有上面那条悬链线

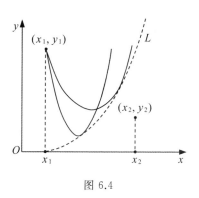

图 6.4

能旋转出极小曲面. 最后, 当第二个点恰好位于 L 上时, 只有一个驻函数, 但并不能旋转出极小曲面.

【例 6.3】 求图 6.2 所示的最速降线.

解 为求图 6.2 所示的最速降线, 必须使

$$I = \int_{x_1}^{x_2} \frac{\sqrt{1+(y')^2}}{\sqrt{2gy}} dx \qquad (6.2.21)$$

取极小值. 这里函数 $f(y,y') = \sqrt{1+(y')^2}/\sqrt{2gy}$ 不显含 x, 故由情形 C 知欧拉方程变为

$$\frac{(y')^2}{\sqrt{y}\sqrt{1+(y')^2}} - \frac{\sqrt{1+(y')^2}}{\sqrt{y}} = c_1. \qquad (6.2.22)$$

式(6.2.22)可化简为

$$y[1+(y')^2] = c, \qquad (6.2.23)$$

所得驻曲线是摆线, 解可用参数方程表示为

$$x = a(\theta - \sin\theta), \quad y = a(1-\cos\theta). \qquad (6.2.24)$$

这是由半径为 a 的圆在 x 轴下滚动产生的, 其中所取的 a 应使第一个倒拱弧通过图 6.2 中的点 (x_2, y_2). 与之前相同, 这个论证仅仅说明, 若 I 有一极小值, 则相应的驻曲线必为摆线(6.2.24). 然而, 从物理角度考虑, 则显然不可能有使 I 取极大值的曲线, 但确实有使它取极小值的曲线. 因此, 这条摆线就是使下降时间取极小值的曲线.

下面我们对式(6.2.1)作一个重要的推广. 积分(6.2.1)代表的是最简单的一类变分问题, 因为它只含一个未知函数. 但是实际遇到的一些问题往往是关于两个或更多个未知函数的积分.

下面我们来考察涉及两个未知函数 $y(x)$ 和 $z(x)$ 的变分问题: 求使积分

$$I = \int_{x_1}^{x_2} f(x, y, z, y', z') dx \qquad (6.2.25)$$

取驻值的必要条件, 其中给定了边界值 $y(x_1), z(x_1)$ 和 $y(x_2), z(x_2)$. 仍按照以前的方法引入函数 $\eta_1(x)$ 和 $\eta_2(x)$, 使它们具有连续的二阶偏导数且在端点处等于 0. 由此作出邻近函数 $\bar{y}(x) = y(x) + \alpha\eta_1(x), \bar{z}(x) = z(x) + \alpha\eta_2(x)$, 然后考虑由下式所定义的关于 α 的函数:

$$I(\alpha) = \int_{x_1}^{x_2} f(x, y+\alpha\eta_1, z+\alpha\eta_2, y'+\alpha\eta_1', z'+\alpha\eta_2') dx. \qquad (6.2.26)$$

若 $y(x)$ 和 $z(x)$ 是驻函数, 则仍必须有 $I'(0) = 0$, 于是通过计算式(6.2.26)的导数并令 $\alpha = 0$, 可得

$$\int_{x_1}^{x_2} \left(\frac{\partial f}{\partial y}\eta_1 + \frac{\partial f}{\partial z}\eta_2 + \frac{\partial f}{\partial y'}\eta_1' + \frac{\partial f}{\partial z'}\eta_2' \right) dx = 0.$$

若将含 η_1' 和 η_2' 的积分进行分部积分, 则上式变为

$$\int_{x_1}^{x_2} \left\{ \eta_1 \left[\frac{\partial f}{\partial y} - \frac{d}{dx}\left(\frac{\partial f}{\partial y'}\right) \right] + \eta_2 \left[\frac{\partial f}{\partial z} - \frac{d}{dx}\left(\frac{\partial f}{\partial z'}\right) \right] \right\} dx = 0. \qquad (6.2.27)$$

最后，由于式(6.2.27)必须对所选取的一切函数 $\eta_1(x)$ 和 $\eta_2(x)$ 都成立，故可立即推出欧拉公式

$$\begin{cases} \dfrac{\mathrm{d}}{\mathrm{d}x}\left(\dfrac{\partial f}{\partial y'}\right)-\dfrac{\partial f}{\partial y}=0, \\[2mm] \dfrac{\mathrm{d}}{\mathrm{d}x}\left(\dfrac{\partial f}{\partial z'}\right)-\dfrac{\partial f}{\partial z}=0. \end{cases} \tag{6.2.28}$$

所以，为求出这个问题的极值曲线，就必须解微分方程组(6.2.28). 不规则的方程组自然比方程难解，但若能解出方程组(6.2.28)，就可通过给定的边界条件来确定驻函数. 对于含有两个以上未知函数的变分问题，也可用类似的方式进行处理.

§6.3 条件极值

6.3.1 拉格朗日乘子法

等周问题是条件极值的一个典型例子，它是求由给定长度的闭曲线所包围的最大面积的问题. 该问题最早由古希腊人提出，他们还能以多少带点严格性的方式证明该曲线为圆周. 若曲线可用参量表示为 $x=x(t)$ 及 $y=y(t)$，且当 t 从 t_1 增大到 t_2 时曲线按逆时针方向回到初始点，则所围成的面积为

$$A=\frac{1}{2}\int_{t_1}^{t_2}\left(x\,\frac{\mathrm{d}y}{\mathrm{d}t}-y\,\frac{\mathrm{d}x}{\mathrm{d}t}\right)\mathrm{d}t. \tag{6.3.1}$$

这是一个依赖于两个未知函数的积分. 由于曲线长度为

$$L=\int_{t_1}^{t_2}\sqrt{\left(\frac{\mathrm{d}x}{\mathrm{d}t}\right)^2+\left(\frac{\mathrm{d}y}{\mathrm{d}t}\right)^2}\,\mathrm{d}t, \tag{6.3.2}$$

所以问题就成为在式(6.3.2)取常数的条件下，使式(6.3.1)取极大值.

将等周问题扩展为更一般的问题，可表述为：求一个积分的极值曲线，该积分以另一个积分取定值为附加条件. 此外，我们还将考察有限形式的附加条件，也就是不含积分或导数的附加条件. 例如，若

$$G(x,y,z)=0 \tag{6.3.3}$$

是给定的曲面，则此曲面上的一条曲线可由用参量表示的满足式(6.3.3)的三个函数 $x=x(t),y=y(t)$ 和 $z=z(t)$ 来确定；而求测地线的问题就相当于在

附加条件(6.3.3)下,使弧长积分

$$\int_{t_1}^{t_2}\sqrt{\left(\frac{\mathrm{d}x}{\mathrm{d}t}\right)^2+\left(\frac{\mathrm{d}y}{\mathrm{d}t}\right)^2+\left(\frac{\mathrm{d}z}{\mathrm{d}t}\right)^2}\,\mathrm{d}t \qquad (6.3.4)$$

取极小值的问题,即求位于曲面(6.3.3)内且通过曲面上两定点的距离最短的曲线.

为了求解上述在附加条件下的极值问题,首先回顾一下微积分中类似问题的处理方法. 例如,要求出使函数 $z=f(x,y)$ 取驻值的点 (x,y),但其中 x 与 y 不是彼此独立的变量,而是受制于一个附加条件

$$g(x,y)=0, \qquad (6.3.5)$$

通常的做法是指定式(6.3.5)中的任意一个变量 x 或 y 为自变量,比如,以 x 作为自变量,而以 y 作为因变量. 因而 $\mathrm{d}y/\mathrm{d}x$ 可由

$$\frac{\partial g}{\partial x}+\frac{\partial g}{\partial y}\frac{\mathrm{d}y}{\mathrm{d}x}=0$$

得出. 由于 z 现在可以视为 x 的函数,故 $\mathrm{d}z/\mathrm{d}x=0$ 是 z 具有驻值的必要条件,故

$$\frac{\mathrm{d}z}{\mathrm{d}x}=\frac{\partial f}{\partial x}+\frac{\partial f}{\partial y}\frac{\mathrm{d}y}{\mathrm{d}x}=0 \quad 或 \quad \frac{\partial f}{\partial x}-\frac{\partial f}{\partial y}\frac{\partial g/\partial x}{\partial g/\partial y}=0. \qquad (6.3.6)$$

把式(6.3.5)和式(6.3.6)联立求解,便可得出所要求的点 (x,y).

这种做法的一个缺点是:问题中的变量本来是对称出现的,但在处理过程中它们的地位并不对称. 我们不妨用另一种更一般的方法来处理,该方法在实际应用中有许多优点. 首先我们作出函数

$$F(x,y,\lambda)=f(x,y)+\lambda g(x,y),$$

并利用下面的必要条件来考虑它的无附加条件的驻值:

$$\begin{cases} \dfrac{\partial F}{\partial x}=\dfrac{\partial f}{\partial x}+\lambda\,\dfrac{\partial g}{\partial x}=0, \\[2mm] \dfrac{\partial F}{\partial y}=\dfrac{\partial f}{\partial y}+\lambda\,\dfrac{\partial g}{\partial y}=0, \\[2mm] \dfrac{\partial F}{\partial \lambda}=g(x,y)=0. \end{cases} \qquad (6.3.7)$$

若通过前两个方程消去 λ,则式(6.3.7)可化为

$$\begin{cases} \dfrac{\partial f}{\partial x}-\dfrac{\partial f}{\partial y}\dfrac{\partial g/\partial x}{\partial g/\partial y}=0, \\[2mm] g(x,y)=0. \end{cases}$$

这样就重新得到了式(6.3.5)和式(6.3.6).用此方法解给定的问题,在理论上

有两大特点:第一,无须任意选定自变量而扰动原来问题中的对称性;第二,仅仅付出引入新变量 λ 这个较小的代价就可以去掉附加条件. 其中参量 λ 叫作**拉格朗日乘子**. 该方法称为**拉格朗日乘子法**. 这一方法可直接被应用到当前所讨论的问题中.

6.3.2　积分形式的附加条件

现在我们利用拉格朗日乘子法来考虑积分形式的附加条件下的极值问题.首先考察函数 $y(x)$ 必须满足什么样的微分方程,才能使积分

$$I = \int_{x_1}^{x_2} f(x, y, y') \mathrm{d}x \tag{6.3.8}$$

取驻值,同时其中的 y 要满足附加条件

$$J = \int_{x_1}^{x_2} g(x, y, y') \mathrm{d}x = c \tag{6.3.9}$$

且在端点处取预先指定的值 $y(x_1) = y_1$ 和 $y(x_2) = y_2$. 与之前的思路一样,假定 $y(x)$ 确实是一个驻函数,给它一个小的扰动,从而得出所需的解析条件. 但是这时我们不能简单地通过考虑形如 $\bar{y}(x) = y(x) + \alpha \eta(x)$ 的邻近函数的方法来处理,因为一般说来,这些邻近函数不会都使第二个积分 J 保持原来的常数值 c. 我们尝试考虑一个双参量的邻近函数族

$$\bar{y}(x) = y(x) + \alpha_1 \eta_1(x) + \alpha_2 \eta_2(x), \tag{6.3.10}$$

其中, $\eta_1(x)$ 和 $\eta_2(x)$ 具有连续二阶导数且在端点处为 0;参量 α_1 和 α_2 并不彼此独立,而是通过如下条件相联系:

$$J(\alpha_1, \alpha_2) = \int_{x_1}^{x_2} g(x, \bar{y}, \bar{y}') \mathrm{d}x = c. \tag{6.3.11}$$

这样就把问题转化为了求出使函数

$$I(\alpha_1, \alpha_2) = \int_{x_1}^{x_2} f(x, \bar{y}, \bar{y}') \mathrm{d}x \tag{6.3.12}$$

在 $\alpha_1 = \alpha_2 = 0$ 处有驻值的必要条件,且 α_1 和 α_2 需满足式(6.3.11). 目前,这种情况正好适合采用拉格朗日乘子法,于是我们引入函数

$$K(\alpha_1, \alpha_2, \lambda) = I(\alpha_1, \alpha_2) + \lambda J(\alpha_1, \alpha_2) = \int_{x_1}^{x_2} F(x, \bar{y}, \bar{y}') \mathrm{d}x,$$

$$\tag{6.3.13}$$

其中 $F = f + \lambda g$. 然后利用必要条件

$$\frac{\partial K}{\partial \alpha_1} = \frac{\partial K}{\partial \alpha_2} = 0, \quad \alpha_1 = \alpha_2 = 0 \tag{6.3.14}$$

来考察 K 在 $\alpha_1 = \alpha_2 = 0$ 处的无附加条件的驻值. 对式(6.3.13)进行求导并利

用式(6.3.10),可得

$$\frac{\partial K}{\partial \alpha_i} = \int_{x_1}^{x_2} \left[\frac{\partial F}{\partial y} \eta_i(x) + \frac{\partial F}{\partial y'} \eta_i'(x) \right] \mathrm{d}x \quad (i = 1, 2).$$

令 $\alpha_1 = \alpha_2 = 0$,则由式(6.3.14)可得

$$\int_{x_1}^{x_2} \left[\frac{\partial F}{\partial y} \eta_i(x) + \frac{\partial F}{\partial y'} \eta_i'(x) \right] \mathrm{d}x = 0.$$

对第二项进行分部积分之后,上式变为

$$\int_{x_1}^{x_2} \eta_i(x) \left[\frac{\partial F}{\partial y} - \frac{\mathrm{d}}{\mathrm{d}x} \left(\frac{\partial F}{\partial y'} \right) \right] \mathrm{d}x = 0. \qquad (6.3.15)$$

由于 $\eta_1(x)$ 和 $\eta_2(x)$ 都是任意函数,故式(6.3.15)中所含的两个条件实际上只相当于一个条件,于是我们仍然可以断定驻函数 $y(x)$ 必须满足欧拉方程

$$\frac{\mathrm{d}}{\mathrm{d}x} \left(\frac{\partial F}{\partial y'} \right) - \frac{\partial F}{\partial y} = 0. \qquad (6.3.16)$$

这个方程的解(所讨论问题的极值曲线)中含有三个待定参量:两个积分常数和拉格朗日乘子 λ. 然后我们给这些极值曲线加上两个边界条件并使积分 J 取指定的值 c,以便从极值曲线中选取驻函数.

在积分依赖于两个或更多个函数的情形下,这个结果也可以按照上节的方法进行推广. 例如,若

$$I = \int_{x_1}^{x_2} f(x, y, z, y', z') \mathrm{d}x$$

具有满足附加条件

$$J = \int_{x_1}^{x_2} g(x, y, z, y', z') \mathrm{d}x = c$$

的驻值,则驻函数 $y(x)$ 和 $z(x)$ 必须满足方程组

$$\begin{cases} \dfrac{\mathrm{d}}{\mathrm{d}x} \left(\dfrac{\partial F}{\partial y'} \right) - \dfrac{\partial F}{\partial y} = 0, \\[2mm] \dfrac{\mathrm{d}}{\mathrm{d}x} \left(\dfrac{\partial F}{\partial z'} \right) - \dfrac{\partial F}{\partial z} = 0, \end{cases} \qquad (6.3.17)$$

其中 $F = f + \lambda g$. 推导过程同上,此处不再赘述.

【例6.4】 求连接点 $(0,0)$ 和 $(1,0)$,且有固定的长度 $L(L > 1)$,并位于 x 轴之上的一条曲线,使得曲线与 x 轴之间包围的面积极大.

解 这是一个带附加条件的等周问题,其中包围极大面积的一部分曲线是长度为1的直线段. 于是所求问题可归结为求 $\int_0^1 y \mathrm{d}x$ 的极大值,但需满足附加条件

$$\int_0^1 \sqrt{1+(y')^2}\,\mathrm{d}x = L$$

及边界条件 $y(0)=0$ 与 $y(1)=0$. 这里我们有 $F=y+\lambda\sqrt{1+(y')^2}$，故欧拉方程为

$$\frac{\mathrm{d}}{\mathrm{d}x}\left[\frac{\lambda y'}{\sqrt{1+(y')^2}}\right]-1=0. \qquad (6.3.18)$$

进行求导运算后，可得

$$\frac{y''}{[1+(y')^2]^{3/2}}=\frac{1}{\lambda}. \qquad (6.3.19)$$

这里我们无须进行积分，因为式(6.3.19)表明曲率是常数，等于 $1/\lambda$. 由此可知，所围面积取极大值的曲线，是半径为 λ 的圆上的弧. 若换一种方法来求解，则可把式(6.3.18)积分，得出

$$\frac{y'}{\sqrt{1+(y')^2}}=\frac{x-c_1}{\lambda},$$

解出 y' 并积分，可得

$$(x-c_1)^2+(y-c_2)^2=\lambda^2. \qquad (6.3.20)$$

这当然就是半径为 λ 的圆的方程.

【例 6.5】 例 6.4 中若 $L>\pi/2$，则式(6.3.20)所确定的圆弧将不再是 x 的单值函数. 试规避这一不确定性.

解　我们只要采用曲线的参数方程 $x=x(t)$ 和 $y=y(t)$，就可以避免这样的问题，即

$$\frac{1}{2}\int_{t_1}^{t_2}(x\dot{y}-y\dot{x})\mathrm{d}t$$

在附加条件

$$\int_{t_1}^{t_2}\sqrt{\dot{x}^2+\dot{y}^2}\,\mathrm{d}t=L$$

下取极大值的问题，其中 $\dot{x}=\mathrm{d}x/\mathrm{d}t$，$\dot{y}=\mathrm{d}y/\mathrm{d}t$. 此时

$$F=\frac{1}{2}(x\dot{y}-y\dot{x})+\lambda\sqrt{\dot{x}^2+\dot{y}^2}.$$

于是欧拉方程(6.3.17)变为

$$\frac{\mathrm{d}}{\mathrm{d}t}\left(-\frac{1}{2}y+\frac{\lambda\dot{x}}{\sqrt{\dot{x}^2+\dot{y}^2}}\right)-\frac{1}{2}\dot{y}=0,$$

$$\frac{\mathrm{d}}{\mathrm{d}t}\left(\frac{1}{2}x+\frac{\lambda\dot{y}}{\sqrt{\dot{x}^2+\dot{y}^2}}\right)-\frac{1}{2}\dot{x}=0.$$

将这两个方程直接积分,可得

$$-y+\frac{\lambda\dot{x}}{\sqrt{\dot{x}^2+\dot{y}^2}}=-c_1,\quad x+\frac{\lambda\dot{y}}{\sqrt{\dot{x}^2+\dot{y}^2}}=c_2.$$

由上式解出 $x-c_2$ 和 $y-c_1$,然后平方相加,可得

$$(x-c_2)^2+(y-c_1)^2=\lambda^2,$$

故使积分取极大值的曲线是一个圆.这个结果可表述为:若包围面积 A 的闭平面曲线的长度是 L,则 $A\leqslant L^2/4\pi$,等号当且仅当曲线为圆时成立.这样的一个关系式叫作**等周不等式**.

6.3.3 有限形式的附加条件

对于有限形式的附加条件,前面已经举例说明,即在给定曲面

$$G(x,y,z)=0 \tag{6.3.21}$$

上求测地线的问题.现在我们考察一个更一般的问题,即求曲面(6.3.21)上的一条空间曲线

$$x=x(t),\quad y=y(t),\quad z=z(t),$$

使积分

$$\int_{t_1}^{t_2}f(\dot{x},\dot{y},\dot{z})\mathrm{d}t \tag{6.3.22}$$

取驻值.

与之前一样,我们的目的还是要把附加条件(6.3.21)去掉,为此可以采取如下步骤进行.不失一般性,可假定所求曲线位于 $G_z\neq0$ 的那部分曲面上.于是我们可从式(6.3.21)中解出 $z=g(x,y)$,从而

$$\dot{z}=\frac{\partial g}{\partial x}\dot{x}+\frac{\partial g}{\partial y}\dot{y}. \tag{6.3.23}$$

把式(6.3.23)代入式(6.3.22)后,问题就化成求积分

$$\int_{t_1}^{t_2}f\left(\dot{x},\dot{y},\frac{\partial g}{\partial x}\dot{x}+\frac{\partial g}{\partial y}\dot{y}\right)\mathrm{d}t$$

不带附加条件的驻函数.对于这个问题,欧拉方程(6.2.28)为

$$\begin{cases}\dfrac{\mathrm{d}}{\mathrm{d}t}\left(\dfrac{\partial f}{\partial\dot{x}}+\dfrac{\partial f}{\partial\dot{z}}\dfrac{\partial g}{\partial x}\right)-\dfrac{\partial f}{\partial\dot{z}}\dfrac{\partial\dot{z}}{\partial x}=0,\\[2mm]\dfrac{\mathrm{d}}{\mathrm{d}t}\left(\dfrac{\partial f}{\partial\dot{y}}+\dfrac{\partial f}{\partial\dot{z}}\dfrac{\partial g}{\partial y}\right)-\dfrac{\partial f}{\partial\dot{z}}\dfrac{\partial\dot{z}}{\partial y}=0.\end{cases}$$

由式(6.3.23),知

$$\frac{\partial \dot z}{\partial x}=\frac{\mathrm{d}}{\mathrm{d}t}\left(\frac{\partial g}{\partial x}\right),\quad \frac{\partial \dot z}{\partial y}=\frac{\mathrm{d}}{\mathrm{d}t}\left(\frac{\partial g}{\partial y}\right),$$

故可把欧拉方程写为

$$\begin{cases}\dfrac{\mathrm{d}}{\mathrm{d}t}\left(\dfrac{\partial f}{\partial \dot x}\right)+\dfrac{\partial g}{\partial x}\dfrac{\mathrm{d}}{\mathrm{d}t}\left(\dfrac{\partial f}{\partial \dot z}\right)=0,\\[2mm]\dfrac{\mathrm{d}}{\mathrm{d}t}\left(\dfrac{\partial f}{\partial \dot y}\right)+\dfrac{\partial g}{\partial y}\dfrac{\mathrm{d}}{\mathrm{d}t}\left(\dfrac{\partial f}{\partial \dot z}\right)=0.\end{cases}$$

现若定义一函数 $\lambda(t)$ 为：

$$\frac{\mathrm{d}}{\mathrm{d}t}\left(\frac{\partial f}{\partial \dot z}\right)=\lambda(t)G_z,\qquad(6.3.24)$$

并利用关系式 $\partial g/\partial x=-G_x/G_z$ 和 $\partial g/\partial y=-G_y/G_z$，则欧拉方程变为

$$\frac{\mathrm{d}}{\mathrm{d}t}\left(\frac{\partial f}{\partial \dot x}\right)=\lambda(t)G_x,\qquad(6.3.25)$$

$$\frac{\mathrm{d}}{\mathrm{d}t}\left(\frac{\partial f}{\partial \dot y}\right)=\lambda(t)G_y.\qquad(6.3.26)$$

于是使积分有驻值的一个必要条件是存在一个函数 $\lambda(t)$ 满足式(6.3.24)至式(6.3.26). 消去 $\lambda(t)$ 后,可得出对称方程

$$\frac{(\mathrm{d}/\mathrm{d}t)(\partial f/\partial \dot x)}{G_x}=\frac{(\mathrm{d}/\mathrm{d}t)(\partial f/\partial \dot y)}{G_y}=\frac{(\mathrm{d}/\mathrm{d}t)(\partial f/\partial \dot z)}{G_z}.\qquad(6.3.27)$$

我们可通过式(6.3.27)和式(6.3.21)一起确定这个问题中的极值曲线. 需要指出的是,式(6.3.24)至式(6.3.26)可以看作求积分

$$\int_{t_1}^{t_2}\left[f(\dot x,\dot y,\dot z)+\lambda(t)G(x,y,z)\right]\mathrm{d}t$$

不带附加条件的驻函数时的欧拉方程. 这同附加条件为一积分时的结论非常相似,只不过这里的乘子是 t 的一个待定函数而不是一个待定常数.

若把上述结果用来求曲面(6.3.21)上的测地线,则有

$$f=\sqrt{\dot x^2+\dot y^2+\dot z^2},$$

方程式(6.3.27)变为

$$\frac{(\mathrm{d}/\mathrm{d}t)(\dot x/f)}{G_x}=\frac{(\mathrm{d}/\mathrm{d}t)(\dot y/f)}{G_y}=\frac{(\mathrm{d}/\mathrm{d}t)(\dot z/f)}{G_z}.\qquad(6.3.28)$$

我们的问题是要从这个方程组中解出所需要的结果.

【例 6.6】　求球面 $x^2+y^2+z^2=a^2$ 上的测地线.

解　设 $G(x,y,z)=x^2+y^2+z^2-a^2$,则式(6.3.28)为

$$\frac{f\ddot x-\dot x\dot f}{2xf^2}=\frac{f\ddot y-\dot y\dot f}{2yf^2}=\frac{f\ddot z-\dot z\dot f}{2zf^2}.$$

还可以将其改写为

$$\frac{x\ddot{y}-y\ddot{x}}{x\dot{y}-y\dot{x}}=\frac{\dot{f}}{f}=\frac{y\ddot{z}-z\ddot{y}}{y\dot{z}-z\dot{y}}.$$

如果不管中间的一项,则上式变为

$$\frac{(\mathrm{d}/\mathrm{d}t)(x\dot{y}-y\dot{x})}{x\dot{y}-y\dot{x}}=\frac{(\mathrm{d}/\mathrm{d}t)(y\dot{z}-z\dot{y})}{y\dot{z}-z\dot{y}}.$$

积分一次,可得

$$x\dot{y}-y\dot{x}=c_1(y\dot{z}-z\dot{y}) \quad \text{或} \quad \frac{\dot{x}+c_1\dot{z}}{x+c_1z}=\frac{\dot{y}}{y}.$$

再积分一次,可得

$$x+c_1z=c_2y.$$

这是通过原点的平面方程,故球面上的测地线是大圆弧.

在这个例题中,我们很容易地解出了方程(6.3.28),但一般情况下这一步是很难做到的. 方程(6.3.28)的主要意义在于,它同数学物理中的下述重要结论有关系:若一质点不受任何外力作用而在一曲面上滑动,则其轨迹为一测地线. 取这条曲线上的弧长 s 作为参量 t,于是 $f=1$,而方程(6.3.28)则变为

$$\frac{\mathrm{d}^2x/\mathrm{d}s^2}{G_x}=\frac{\mathrm{d}^2y/\mathrm{d}s^2}{G_y}=\frac{\mathrm{d}^2z/\mathrm{d}s^2}{G_z}. \tag{6.3.29}$$

习题六

1.求积分

$$I(y)=\int_{x_1}^{x_2}f(x,y,y')\mathrm{d}x$$

的极值曲线. 其中 $f(x,y,y')$ 如下:

(1) $f(x,y,y')=\dfrac{\sqrt{1+(y')^2}}{y}$;

(2) $f(x,y,y')=y^2-(y')^2$.

2.求

$$I(y)=\int_0^4[xy'-(y')^2]\mathrm{d}x$$

由边界条件 $y(0)=0$ 及 $y(4)=3$ 确定的驻函数.

3.若 P,Q 为平面上的两点,则从 P 到 Q 的一段曲线的弧长可用极坐标表

示为

$$\int_P^Q \mathrm{d}s = \int_P^Q \sqrt{\mathrm{d}r^2 + r^2\mathrm{d}\theta^2}.$$

试求下述情况下一条曲线的极坐标方程,使得弧长的积分取极小值:

(1)取 θ 为自变量;

(2)取 r 为自变量.

4.取 (θ,φ) 为球面 $x^2+y^2+z^2=a^2$ 上点的坐标,即 $x=a\cos\varphi\sin\theta$, $y=a\sin\varphi\sin\theta$, $z=a\cos\theta$. $\varphi=F(\theta)$ 为位于球面上且连接球面上两点 P 和 Q 的最短的曲线(测地线).试证明这样一条曲线 $\varphi=F(\theta)$ 是大圆上的一段弧,即曲线 $\varphi=F(\theta)$ 位于通过球心的平面上.

提示:把曲线的长度写为

$$\int_P^Q \mathrm{d}s = \int_P^Q \sqrt{\mathrm{d}x^2+\mathrm{d}y^2+\mathrm{d}z^2} = a\int_P^Q \sqrt{1+\left(\frac{\mathrm{d}\varphi}{\mathrm{d}\theta}\right)^2\sin^2\theta}\,\mathrm{d}\theta,$$

由相应的欧拉方程解出 φ,再把所得结果化成直角坐标的形式.

5.试证明正圆锥面 $z^2=a^2(x^2+y^2)(z\geqslant 0)$ 上的任一条测地线均具有下列性质:若把锥面沿一条母线剖开后展平,则测地线变成一条直线.

提示:用参数方程表示锥面

$$x=\frac{r\cos(\theta\sqrt{1+a^2})}{\sqrt{1+a^2}}, \quad y=\frac{r\sin(\theta\sqrt{1+a^2})}{\sqrt{1+a^2}}, \quad z=\frac{ar}{\sqrt{1+a^2}}.$$

先证明 (r,θ) 代表将锥面展平后的普通极坐标,再证明任一条测地线 $r=r(\theta)$ 都是用这些极坐标表示的直线.

6.若把曲线 $y=g(z)$ 绕 z 轴旋转,则所得旋转曲面的方程为 $x^2+y^2=g^2(z)$.该曲面的参数表示式为

$$x=g(z)\cos\theta, \quad y=g(z)\sin\theta, \quad z=z,$$

其中 θ 是 xy 平面的极角.证明曲面上的测地线 $\theta=\theta(z)$ 的方程为

$$\theta=c_1\int\frac{\sqrt{1+[g'(z)]^2}}{g(z)\sqrt{g^2(z)-c_1^2}}\mathrm{d}z+c_2.$$

7.用拉格朗日乘子法解下列各题:

(1)求平面 $ax+by+cz=d$ 上最靠近原点的点.

提示:在附加条件 $ax+by+cz-d=0$ 下使 $l=x^2+y^2+z^2$ 取极小值.

(2)给定三角形的周长,证明面积最大的三角形是等边三角形.

提示:若三角形的三条边长分别为 x,y 和 z,则其面积为

$$A=\sqrt{s(s-x)(s-y)(s-z)},$$

其中 $s=(x+y+z)/2$.

(3)若 n 个正数 $x_1,x_2,\cdots,x_n$ 之和为定值 s,证明其乘积的极大值为 s^n/n^2,并由此推断 n 个正数的几何平均值不大于其算术平均值,即

$$\sqrt[n]{x_1 x_2 \cdots x_n} \leqslant \frac{x_1+x_2+\cdots+x_n}{n}.$$

8.若第一象限内连接点$(0,0)$和$(1,0)$的曲线下含给定面积,证明最短的这种曲线是一条圆弧.

9.设有一根长度固定且匀质的软链挂在两点之间,若其悬挂形状使得势能取极小值,试求它的形状.

10.用极坐标解等周问题:

$$L=\int_{t_1}^{t_2} \sqrt{\left(\frac{\mathrm{d}x}{\mathrm{d}t}\right)^2+\left(\frac{\mathrm{d}y}{\mathrm{d}t}\right)^2}\,\mathrm{d}t.$$

提示:取曲线上的任一点为原点并以该点处的切线为极轴,使

$$A=\frac{1}{2}\int_0^\pi r^2\,\mathrm{d}\theta$$

在

$$L=\int_0^\pi \sqrt{\left(\frac{\mathrm{d}r}{\mathrm{d}\theta}\right)^2+r^2}\,\mathrm{d}\theta=c$$

为常数的附加条件下取极大值.

11.证明:在形如 $f(x,z)=0$ 的任一柱面上,测地线与 y 轴成固定角度.

参考文献

[1] R. 柯朗,D. 希尔伯特. 数学物理方法Ⅰ[M]. 钱敏,郭敦仁译.北京:科学出版社,2011.

[2]胡嗣柱,倪光炯.数学物理方法[M].北京:高等教育出版社,2002.

[3]吴崇试.数学物理方法[M].北京:北京大学出版社,2003.

[4]吴崇试.数学物理方法专题——数理方程与特殊函数[M].北京:北京大学出版社,2012.

[5]梁昆淼.数学物理方法[M].北京:高等教育出版社,2010.

[6]季孝达,薛兴恒,陆英,等.数学物理方程[M].北京:科学出版社,2009.

[7]谷超豪,李大潜,陈恕行,等.数学物理方程[M].北京:高等教育出版社,2012.

[8]严镇军.数学物理方程[M].合肥:中国科学技术大学出版社,2010.

[9]刘式适,刘式达.特殊函数[M]. 北京:高等教育出版社,1988.

[10]王竹溪,郭敦仁.特殊函数概论[M]. 北京:科学出版社,1979.

[11]G. F. 塞蒙斯. 微分方程[M]. 张理京译. 北京:人民教育出版社,1981.

[12]E.卡姆克. 常微分方程手册[M]. 张鸿林译.北京:科学出版社,1977.

[13]丁同仁,李承治.常微分方程教程[M]. 北京:高等教育出版社,2004.

[14]常晋德.几何背景下的数学物理方法[M].北京:高等教育出版社,2017.

[15]李大潜,秦铁虎.物理学与偏微分方程[M].北京:高等教育出版社,2005.

[16]F. W. 拜伦,R. W. 富勒. 物理学中的数学方法Ⅰ-Ⅱ[M]. 蔡纬译.

北京:科学出版社,1982.

[17]HASSANI S. Mathematical Physics: A Modern Introduction to Its Foundations[M]. New York: Springer Science+Business Media LLC, 2013.

[18]KING A C, BILLINGHAM J and OTTO S R. Differential Equations: Linear, Nonlinear, Ordinary, Partial [M]. New York: Cambridge University Press, 2003.

[19]AMREIN W O, HINZ A M and PEARSON D B. Sturm-Liouville Theory Past and Present [M]. Basel: Birkhäuser Press, 2005.

[20]MYINT-U T and DEBNATH L. Linear Partial Differential Equations for Scientists and Engineers [M]. Boston: Birkhäuser Press, 2007.

[21] CODDINGTON E A and LEVINSON N. Theory of Ordinary Differential Equations[M]. New York: McGraw-Hill Publishing Company limited, 1987.

[22]KELLEY W G and PETERSON A C. The Theory of Differential Equations[M]. New York: Springer Science+Business Media LLC, 2010.

[23]JAKSON J D. Classical Electrodynamics[M]. New Jersey: John Wiley & Sons, Inc., 1998.